教科書ガイド 数研出版 版 数学B

本書は，数研出版が発行する教科書「数学B[数B/710]」に沿って編集された，教科書の **公式ガイドブック** です。教科書のすべての問題の解き方と答えに加え，例と例題の解説動画も付いていますので，教科書の内容がすべてわかります。また，巻末には，オリジナルの演習問題も掲載していますので，これらに取り組むことで，更に実力が高まります。

本書の特徴と構成要素

1　教科書の問題の解き方と答えがわかる。予習・復習にピッタリ！

2　オリジナル問題で演習もできる。定期試験対策もバッチリ！

3　例・例題の解説動画付き。教科書の理解はバンゼン！

まとめ　各項目の冒頭に，公式や解法の要領，注意事項をまとめてあります。

指針　問題の考え方，解法の手がかり，解答の進め方を説明しています。

解答　指針に基づいて，できるだけ詳しい解答を示しています。

[別解]　解答とは別の解き方がある場合は，必要に応じて示しています。

[注意]　問題の考え方，解法の手がかり，解答の進め方で，特に注意すべきことを，必要に応じて示しています。

演習編　巻末に教科書の問題の類問を掲載しています。これらに取り組むことで，教科書で学ん~~だ~~ ~~が~~いっそう身につきます。また，章ごとにまと~~め~~　　　~~て~~いますので，定期試験対策などにご利

デジタルコンテ~~ン~~　　　　　　　　　　　書の例・例題の解説動画や，巻末の

~~問題の~~解き方などを見ることができます。

JN056770

目　次

＜デジタルコンテンツ＞
次のものを用意しております。
① 教科書「数学 B［数 B/710］」の例・例題の解説動画
② 演習編の詳解
③ 教科書「数学 B［数 B/710］」
　 と青チャート，黄チャートの対応表

デジタルコンテンツ ➡

第1章 数 列

第1節 数列とその和

1 数列

1 数列

① 正の奇数を小さいものから順に並べると

$$1, \ 3, \ 5, \ 7, \ 9, \ 11, \ 13, \ \cdots\cdots \quad \cdots\cdots Ⓐ$$

という数の列が得られる。また，36 の正の約数を小さいものから順に並べると，次のような数の列が得られる。

$$1, \ 2, \ 3, \ 4, \ 6, \ 9, \ 12, \ 18, \ 36 \quad \cdots\cdots Ⓑ$$

このように数を一列に並べたものを **数列** といい，数列を作っている各数を数列の **項** という。数列の項は，最初の項から順に第1項，第2項，第3項，……といい，n 番目の項を **第 n 項** という。特に，第1項を **初項** ともいう。数列Ⓐの初項は1，第2項は3である。

② 数列Ⓑのように，項の個数が有限である数列を **有限数列** といい，数列Ⓐのように，項がどこまでも限りなく続く数列を **無限数列** という。

有限数列においては，項の個数を **項数**，最後の項を **末項** という。

例えば，有限数列Ⓑの項数は9，末項は36である。

③ 数列を一般的に表すには，1つの文字に項の番号を添えて，

$$a_1, \ a_2, \ a_3, \ \cdots\cdots, \ a_n, \ \cdots\cdots$$

のように書く。また，この数列を，$\{a_n\}$ と略記することがある。

例えば，数列Ⓐを $\{a_n\}$ とすると，$a_1=1$，$a_2=3$，$a_3=5$，…… であり，一般に，第 n 項 a_n は次のように表すことができる。

$$a_n=2n-1$$

この例のように，数列 $\{a_n\}$ の第 n 項 a_n が n の式で表されるとき，これを数列 $\{a_n\}$ の **一般項** という。

また，数列Ⓐは，その一般項を用いて，$\{2n-1\}$ と表すこともある。

④ 一般項が与えられると，n に1，2，3，…… を代入することにより，その数列の各項を求めることができる。

補足 教科書9ページの例1において，一般項 $a_n=4n-3$ の n に1，2，3，4，5を代入して，初項から第5項までを求めている。

$a_n=4n-3$ は，自然数を定義域とする関数とみなすこともできる。

A 数列

練習
1

教科書 8 ページの数列 ①，② の第 3 項と第 5 項を，それぞれいえ。

解答 数列 ①　　**第 3 項は 5，第 5 項は 9**　答
　　　　数列 ②　　**第 3 項は 3，第 5 項は 6**　答

練習
2

一般項が次の式で表される数列 $\{a_n\}$ について，初項から第 5 項までを求めよ。また，第 7 項と第 10 項を求めよ。

(1) $a_n = -2n+3$　　　(2) $a_n = 2^n$　　　(3) $a_n = (-1)^n$

指針 **数列の一般項と項**　一般項の式に $n=1$, 2, 3, 4, 5, 7, 10 を順に代入する。

解答 (1) $a_1 = -2\cdot1+3=1,$　　$a_2=-2\cdot2+3=-1,$　$a_3=-2\cdot3+3=-3,$
　　　$a_4=-2\cdot4+3=-5,$　$a_5=-2\cdot5+3=-7,$　$a_7=-2\cdot7+3=-11,$
　　　$a_{10}=-2\cdot10+3=-17$
　　　　　答　**$a_1=1$, $a_2=-1$, $a_3=-3$, $a_4=-5$, $a_5=-7$**
　　　　　　　$a_7=-11$, $a_{10}=-17$

(2) $a_1=2^1=2,$　　$a_2=2^2=4,$　　$a_3=2^3=8,$　　$a_4=2^4=16,$
　　$a_5=2^5=32,$　$a_7=2^7=128,$　$a_{10}=2^{10}=1024$
　　　　答　**$a_1=2$, $a_2=4$, $a_3=8$, $a_4=16$, $a_5=32$**
　　　　　　$a_7=128$, $a_{10}=1024$

(3) $a_1=(-1)^1=-1,$　$a_2=(-1)^2=1,$　$a_3=(-1)^3=-1,$　$a_4=(-1)^4=1,$
　　$a_5=(-1)^5=-1,$　$a_7=(-1)^7=-1,$　$a_{10}=(-1)^{10}=1$
　　　　答　**$a_1=-1$, $a_2=1$, $a_3=-1$, $a_4=1$, $a_5=-1$**
　　　　　　$a_7=-1$, $a_{10}=1$

練習
3

次の数列の一般項を推測せよ。

(1) 0, 2, 4, 6, 8, 10, ……

(2) $1,\ -\dfrac{1}{3},\ \dfrac{1}{5},\ -\dfrac{1}{7},\ \dfrac{1}{9},\ \cdots\cdots$

指針 **数列の一般項**　一般に，項の番号が 1, 2, 3, …… と変わるとき，各項の数がそれぞれ 1, 2, 3, …… を使ってどのように表されるかを考える。(2)は，符号をとった分数の分母の数列に着目する。

解答 (1) 0以上の偶数の数列であるから，第 n 項が $2(n-1)$ になっていると推測できる。よって，一般項は $2(n-1)$ と推測できる。 答

(2) $1=\dfrac{1}{1}$ とすると，符号をとった第 n 項の分子は 1，分母は 1，3，5，7，9，……，すなわち正の奇数の数列であるから，第 n 項の分母は $2n-1$ になっていると推測できる。

また，与えられた数列の符号に着目すると，＋ と － が交互に出てくるから，一般項は $(-1)^{n-1}\cdot\dfrac{1}{2n-1}$ と推測できる。 答

2 等差数列とその和

まとめ

1 等差数列

① 数列 $\quad a_1,\ a_2,\ a_3,\ \cdots\cdots,\ a_n,\ \cdots\cdots$

において，各項に一定の数 d を加えると，次の項が得られるとき，この数列を **等差数列** といい，d をその **公差** という。

このとき，すべての自然数 n について，次の関係が成り立つ。

$$a_{n+1}=a_n+d \quad \text{すなわち} \quad a_{n+1}-a_n=d$$

② **等差数列の一般項**

初項 a，公差 d の等差数列 $\{a_n\}$ の一般項は $\quad a_n=a+(n-1)d$

2 等差数列の性質

① 初項 a，公差 d の等差数列 $\{a_n\}$ の第 n 項は

$$a_n=a+(n-1)d \quad \text{すなわち} \quad a_n=dn+(a-d)$$

であるから，$d\neq0$ のとき，a_n は n の 1 次式で表される。

② 次のことが成り立つ。

$$\text{数列 } a,\ b,\ c \text{ が等差数列} \iff 2b=a+c$$

3 等差数列の和

① **等差数列の和**

初項 a，公差 d，末項 l，項数 n の等差数列の和を S_n とすると

$$S_n=\frac{1}{2}n(a+l)=\frac{1}{2}n\{2a+(n-1)d\}$$

4 いろいろな自然数の数列の和

① 自然数の数列 1，2，3，……，n は，初項 1，末項 n，項数 n の等差数列であるから，その和は次のようになる。

$$1+2+3+\cdots\cdots+n=\frac{1}{2}n(n+1)$$

1 **章**

数

列

② 正の奇数の数列 1, 3, 5, ……, $2n-1$ は，初項 1，末項 $2n-1$，項数 n の等差数列であるから，その和 S は次のようになる。

$$S=\frac{1}{2}n\{1+(2n-1)\}=n^2$$

すなわち $\qquad 1+3+5+\cdots\cdots+(2n-1)=n^2$

5 等差数列の和の最大・最小

① 等差数列の項が初めて負の数(あるいは正の数)になる項数に着目する。

A 等差数列

教 p.10

問 1 次の数列が等差数列であるとき，その公差を求めよ。また，□ に適する数を求めよ。

(1) 2, 6, 10, □, □, ……　　　 (2) □, 20, 17, □, □, ……

指針 等差数列の決定 等差数列であるから，公差は，(1)では，(第 2 項)－(第 1 項)，または (第 3 項)－(第 2 項)，(2)では (第 3 項)－(第 2 項) から求める。公差が決定すれば □ は求められる。

解答 (1) この等差数列の公差は $\qquad 6-2=4$ 答

□ を左から順に a, b とする。

$\qquad a=10+4=14$

$\qquad b=a+4=14+4=18$ 　　　　　　　　　　　 答 左から順に **14, 18**

(2) この等差数列の公差は $\qquad 17-20=-3$ 答

□ を左から順に a, b, c とする。

$\qquad 20=a+(-3)$ より $\qquad a=20+3=23$

$\qquad b=17+(-3)=17-3=14$

$\qquad c=b+(-3)=14-3=11$ 　　　　　　 答 左から順に **23, 14, 11**

教 p.11

練習 4 初項 10，公差 -4 の等差数列 $\{a_n\}$ の一般項を求めよ。また，その第 10 項を求めよ。

指針 等差数列の一般項 初項 a，公差 d の等差数列 $\{a_n\}$ の一般項は
$a_n=a+(n-1)d$

解答 一般項は $\qquad\qquad a_n=10+(n-1)\cdot(-4)=-4n+14$ 答

また，**第 10 項は** $\quad a_{10}=-4\cdot10+14=-26$ 答

問2 教科書の問1の数列の一般項を求めよ。

指針 **等差数列の一般項** $a_n=a+(n-1)d$ に問1で求めた初項 a と公差 d の値を代入する。

解答 等差数列を $\{a_n\}$ とする。

(1) 初項2, 公差4であるから, 一般項は
$$a_n=2+(n-1)\cdot4=\boldsymbol{4n-2} \quad \text{圏}$$

(2) 初項23, 公差 -3 であるから, 一般項は
$$a_n=23+(n-1)\cdot(-3)=\boldsymbol{-3n+26} \quad \text{圏}$$

練習 5 次の等差数列の一般項を求めよ。また, その第8項を求めよ。

(1) $-3,\ 3,\ 9,\ 15,\ \cdots\cdots$　　　　(2) $25,\ 18,\ 11,\ 4,\ \cdots\cdots$

指針 **等差数列の一般項** 初項 a と公差 d を求め, $a_n=a+(n-1)d$ に代入する。

解答 等差数列を $\{a_n\}$ とする。

(1) 初項は -3, 公差は $a_2-a_1=3-(-3)=6$

であるから, **一般項は**
$$a_n=-3+(n-1)\cdot6=\boldsymbol{6n-9} \quad \text{圏}$$

また, **第8項は** $a_8=6\cdot8-9=\boldsymbol{39}$ 圏

(2) 初項は25, 公差は $a_2-a_1=18-25=-7$

であるから, **一般項は**
$$a_n=25+(n-1)\cdot(-7)=\boldsymbol{-7n+32} \quad \text{圏}$$

また, **第8項は** $a_8=-7\cdot8+32=\boldsymbol{-24}$ 圏

問3 公差が -3, 第5項が17である等差数列 $\{a_n\}$ の初項と一般項を求めよ。

指針 **等差数列の一般項** 一般項 $a_n=a+(n-1)d$ は, 初項 a と公差 d が決まれば求められる。公差は決まっているから, 第5項が17であることから, 初項を求めることができる。

解答 この数列の初項を a とすると, 公差は -3 であるから, 一般項は
$$a_n=a+(n-1)\cdot(-3)$$
第5項が17であるから $a+(5-1)\cdot(-3)=17$ ゆえに $a=29$
よって, **初項は** **29** 圏
また, **一般項は** $\boldsymbol{a_n=29+(n-1)\cdot(-3)=-3n+32}$ 圏

練習
6

教 p.11

公差が 2，第 8 項が 4 である等差数列 $\{a_n\}$ の初項と一般項を求めよ。

指針 **等差数列の一般項** 第 8 項が 4 であることから，初項を求める。

解答 この数列の初項を a とすると，公差は 2 であるから，一般項は

$$a_n = a + (n-1) \cdot 2$$

第 8 項が 4 であるから　　$a + (8-1) \cdot 2 = 4$　　ゆえに　　$a = -10$

よって，**初項は　　−10**　答

また，**一般項は　　$a_n = -10 + (n-1) \cdot 2 = 2n - 12$**　答

練習
7

教 p.11

第 10 項が 30，第 20 項が 0 である等差数列 $\{a_n\}$ がある。

(1)　初項と公差を求めよ。また，一般項を求めよ。

(2)　-48 は第何項か。

指針 **2 項が与えられた等差数列**

(1)　$a_{10} = a + 9d = 30$，$a_{20} = a + 19d = 0$ を解いて，a，d を求める。

(2)　第 n 項が -48 であるとして，n を求める。

解答 (1)　この数列の初項を a，公差を d とすると

$$a_n = a + (n-1)d$$

第 10 項が 30 であるから　$a + 9d = 30$　……①

第 20 項が 0 であるから　$a + 19d = 0$　……②

①，② を解いて　　　　$a = 57$，$d = -3$

よって　　**初項は 57，公差は −3**　答

また，一般項は　　**$a_n = 57 + (n-1) \cdot (-3) = -3n + 60$**　答

(2)　第 n 項が -48 であるとすると　　$-3n + 60 = -48$

これを解いて　　　$n = 36$

よって，-48 は　　**第 36 項**　答

B 等差数列の性質

練習
8

教 p.12

一般項が $a_n = 3n - 4$ で表される数列 $\{a_n\}$ は等差数列であることを示せ。また，初項と公差を求めよ。

指針 **等差数列の性質** すべての自然数 n について，$a_{n+1} - a_n = d$（一定）となれば，数列 $\{a_n\}$ は等差数列である。

解答 $a_n=3n-4$ から　　$a_{n+1}=3(n+1)-4=3n-1$

よって　　$a_{n+1}-a_n=(3n-1)-(3n-4)=3$

すべての自然数 n について $a_{n+1}-a_n$ が 3 で一定であるから，数列 $\{a_n\}$ は等差数列である。 **終**

また　　　$a_1=3\cdot1-4=-1$

よって　　**初項は -1，公差は 3** 　答

問 4 　**教 p.12**

数列 3，b，$3b$ が等差数列であるとき，b の値を求めよ。

指針 **等差数列をなす 3 数** 　数列 a，b，c が等差数列 $\iff$ $2b=a+c$ が成り立つ。

解答 数列 3，b，$3b$ が等差数列であるから　$2b=3+3b$

これを解いて　$b=-3$ 　答

練習 9 　**教 p.12**

数列 a，6，$2a$ が等差数列であるとき，a の値を求めよ。

指針 **等差数列をなす 3 数** 　数列 a，b，c が等差数列 $\iff$ $2b=a+c$

解答 数列 a，6，$2a$ が等差数列であるから　$2\cdot6=a+2a$

これを解いて　$a=4$ 　答

C 等差数列の和

練習 10 　**教 p.14**

次のような等差数列の和を求めよ。

(1) 初項 6，末項 -39，項数 10 　(2) 初項 -10，公差 2，項数 18

指針 **等差数列の和** 　初項 a，公差 d，末項 l，項数 n，和を S_n とすると

(1) $S_n=\dfrac{1}{2}n(a+l)$

(2) $S_n=\dfrac{1}{2}n\{2a+(n-1)d\}$

解答 (1) $\dfrac{1}{2}\cdot10\{6+(-39)\}=-165$ 　答

(2) $\dfrac{1}{2}\cdot18\{2\cdot(-10)+(18-1)\cdot2\}=126$ 　答

練習 11

 p.14

次の等差数列の和を求めよ。

(1) 1, 4, 7, ……, 100 (2) 120, 113, ……, −83

指針 **等差数列の和** 問題文に初項 a, 公差 d, 末項 l が与えられているから, 一般項の式から項数 n を求めることができ, 和は, $S_n = \dfrac{1}{2}n(a+l)$ である。

解答 (1) この等差数列の初項は 1, 公差は 3 であるから, 末項 100 が第 n 項であるとすると $1+(n-1)\cdot 3=100$

すなわち $3n-2=100$　ゆえに $n=34$

よって, 初項 1, 末項 100, 項数 34 の等差数列の和を求めて

$\dfrac{1}{2}\cdot 34(1+100)=$ **1717**　答

(2) この等差数列の初項は 120, 公差は −7 であるから, 末項 −83 が第 n 項であるとすると $120+(n-1)\cdot(-7)=-83$

すなわち $-7n+127=-83$　ゆえに $n=30$

よって, 初項 120, 末項 −83, 項数 30 の等差数列の和を求めて

$\dfrac{1}{2}\cdot 30\{120+(-83)\}=$ **555**　答

D いろいろな自然数の数列の和

練習 12

 p.15

正の偶数の数列 2, 4, 6, ……, $2n$ の和を求めよ。

指針 **正の偶数の数列の和** $2+4+6+\cdots\cdots+2n=2(1+2+3+\cdots\cdots+n)$ と考えて, 自然数の数列の和の公式を利用する。

解答 $2+4+6+\cdots\cdots+2n=2(1+2+3+\cdots\cdots+n)$

$=2\cdot\dfrac{1}{2}n(n+1)=$ **$n(n+1)$**　答

問 5

 p.15

1 から 100 までの自然数のうち, 次のような数の和を求めよ。

(1) 3 の倍数 (2) 3 で割り切れない数

指針 **倍数の和**

(1) (3 の倍数の和)＝3×(自然数の和)

(2) (3 の倍数の和)＋(3 で割り切れない数の和)＝(自然数の和)

解答 (1)　$3+6+9+\cdots\cdots+99=3(1+2+3+\cdots\cdots+33)$

$$=3\cdot\frac{1}{2}\cdot33(33+1)=\boldsymbol{1683}\quad\boxed{答}$$

(2)　1から100までの3で割り切れない数の和は，

(1から100までの自然数の和)－(1から100までの3の倍数の和)

で求められる。

1から100までの自然数の和は　$\frac{1}{2}\cdot100(100+1)=5050$

1から100までの3の倍数の和は，(1)より　1683

したがって，求める和は　$5050-1683=\boldsymbol{3367}$　$\boxed{答}$

教 p.15

練習
13

10から100までの自然数のうち，次のような数の和を求めよ。

(1)　4で割って3余る数　　　　(2)　4の倍数

(3)　4で割り切れない数

指針 **倍数の和**

(1)は4で割って3余る数を　(2)は4の倍数を順に並べてみる。

(3)　(4の倍数の和)＋(4で割り切れない数の和)＝(自然数の和)

解答 (1)　10から100までの自然数のうち，4で割って3余る数を順に並べると

$$4\cdot2+3,\ 4\cdot3+3,\ 4\cdot4+3,\ \cdots\cdots,\ 4\cdot24+3$$

これは初項11，末項99，項数23の等差数列であるから，その和は

$$\frac{1}{2}\cdot23(11+99)=\boldsymbol{1265}\quad\boxed{答}$$

(2)　10から100までの自然数のうち，4の倍数を順に並べると

$$4\cdot3,\ 4\cdot4,\ 4\cdot5,\ \cdots\cdots,\ 4\cdot25$$

これは初項12，末項100，項数23の等差数列であるから，その和は

$$\frac{1}{2}\cdot23(12+100)=\boldsymbol{1288}\quad\boxed{答}$$

(3)　10から100までの自然数のうち，4で割り切れない数の和は，

(10から100までの自然数の和)－(10から100までの4の倍数の和)　で求められる。

10から100までの自然数は，初項10，末項100，項数91の等差数列であるから，その和は　$\frac{1}{2}\cdot91(10+100)=5005$

10から100までの4の倍数の和は，(2)より　1288

したがって，求める和は　$5005-1288=\boldsymbol{3717}$　$\boxed{答}$

E 等差数列の和の最大・最小

練習
14

初項が -79，公差が 2 である等差数列 $\{a_n\}$ において，初項から第何項までの和が最小となるか。また，その和を求めよ。

指針 **等差数列の項の正負と和の最小**

まず，$a_n > 0$ を満たす最小の n を求める。

$a_2 < 0$ のとき，$S_1 = a_1$，$S_2 = S_1 + a_2$ であるから $S_1 > S_2$

同様にして，$a_3 < 0$ のとき $S_2 > S_3$，$a_4 < 0$ のとき $S_3 > S_4$，……

そして，例えば第 10 項が初めて正の数になるとすると，

$S_{10} = S_9 + a_{10}$ で，$a_{10} > 0$ であるから $S_9 < S_{10}$

以下，a_{11}，a_{12}，a_{13}，…… がすべて正の数になるとすると，同様にして

$\qquad S_{10} < S_{11} < S_{12} < S_{13} < \cdots\cdots$

このように考えると，S_9 が最小となることがわかる。

解答 初項 -79，公差 2 である等差数列の一般項は

$$a_n = -79 + (n-1)\cdot 2 = 2n - 81$$

$a_n > 0$ とすると $2n - 81 > 0$ これを解いて $n > \dfrac{81}{2}$

よって $n \leqq 40$ のとき $a_n < 0$，$n \geqq 41$ のとき $a_n > 0$

したがって，第 41 項が初めて正の数となる。

初項から第 40 項までは負の数，第 41 項以降は正の数であるから，初項から**第 40 項**までの和が最小となる。 圏

また，その和は $\dfrac{1}{2}\cdot 40\{2\cdot(-79) + (40-1)\cdot 2\} = \mathbf{-1600}$ 圏

深める

教科書の応用例題 1 を，次のように解いてみよう。

(1) 応用例題 1 の等差数列 $\{a_n\}$ の初項から第 n 項までの和を S_n として，S_n を n の式で表してみよう。

(2) (1) で求めた n の式は自然数 n の 2 次関数とみなすことができる。S_n を n の 2 次関数とみて，S_n の最大値を求めてみよう。

指針 **等差数列の和の最大**

(1) 初項 a，公差 d，項数 n の等差数列の和は $\dfrac{1}{2}n\{2a + (n-1)d\}$

(2) (1) で求めた n の 2 次式を平方完成し，S_n が最大となる n の値を考える。

解答 (1) $S_n = \dfrac{1}{2}n\{2\cdot49+(n-1)\cdot(-6)\} = -3n^2 + 52n$ 答

(2) $-3n^2 + 52n = -3\left(n - \dfrac{26}{3}\right)^2 + 3\cdot\left(\dfrac{26}{3}\right)^2$

n は自然数であるから，$\dfrac{26}{3}$ に最も近い自然数 $n=9$ のとき，最大値

$S_9 = -3\cdot9^2 + 52\cdot9 = 225$ をとる。 答

3 等比数列とその和

1 等比数列

① 数列 $a_1,\ a_2,\ a_3,\ \cdots\cdots,\ a_n,\ \cdots\cdots$

において，各項に一定の数 r を掛けると，次の項が得られるとき，この数列を **等比数列** といい，r をその **公比** という。

このとき，すべての自然数 n について，次の関係が成り立つ。

$$a_{n+1} = a_n r$$

特に，初項 a_1 も公比 r も 0 でないとき，$\dfrac{a_{n+1}}{a_n} = r$ である。

② 等比数列の一般項

初項 a，公比 r の等比数列 $\{a_n\}$ の一般項は $a_n = ar^{n-1}$

③ $a,\ b,\ c$ が 0 でないとき，次のことが成り立つ。

数列 $a,\ b,\ c$ が等比数列 $\iff$ $b^2 = ac$

2 等比数列の和

① 等比数列の和

初項 a，公比 r，項数 n の等比数列の和を S_n とする。

1 $r \neq 1$ のとき $S_n = \dfrac{a(1-r^n)}{1-r} = \dfrac{a(r^n-1)}{r-1}$

2 $r = 1$ のとき $S_n = na$

A 等比数列

問6 次の数列が等比数列であるとき，□ に適する数を求めよ。

(1) $-4,\ 8,\ \square,\ \square,\ \cdots\cdots$　　(2) $3,\ 1,\ \square,\ \dfrac{1}{9},\ \square,\ \cdots\cdots$

指針 **等比数列** まず，初項と第2項から，公比を求める。そして，等比数列であるから，前の項に公比を掛けて，次の項を求める。

解答 □ を左から順に a, b とする。

(1) 公比は $\dfrac{8}{-4}=-2$ $a=8\cdot(-2)=-16$, $b=-16\cdot(-2)=32$

答 左から順に **−16, 32**

(2) 公比は $\dfrac{1}{3}$ $a=1\cdot\dfrac{1}{3}=\dfrac{1}{3}$, $b=\dfrac{1}{9}\cdot\dfrac{1}{3}=\dfrac{1}{27}$

答 左から順に $\dfrac{1}{3}$, $\dfrac{1}{27}$

問7 教科書の問 6 の数列の一般項を求めよ。 教 p.18

指針 等比数列の一般項 $a_n=ar^{n-1}$ に問 6 の数列の初項と公比の値を代入する。

解答 等比数列を $\{a_n\}$ とする。

(1) 初項 -4, 公比 -2 であるから, 一般項は
$$a_n=-4(-2)^{n-1}=-(-2)^2(-2)^{n-1}=-(-2)^{n+1} \quad 答$$

(2) 初項 3, 公比 $\dfrac{1}{3}$ であるから, 一般項は $a_n=3\left(\dfrac{1}{3}\right)^{n-1}=\left(\dfrac{1}{3}\right)^{n-2}$ 答

練習 15 次の等比数列の一般項を求めよ。また, 第 7 項を求めよ。 教 p.18

(1) 5, 10, 20, 40, ……   (2) -2, 2, -2, 2, ……

(3) 1, -3, 9, -27, ……   (4) 9, 6, 4, $\dfrac{8}{3}$, ……

指針 等比数列の一般項 初項 a と公比 r を求め, $a_n=ar^{n-1}$ に代入する。

解答 等比数列を $\{a_n\}$ とする。

(1) 初項は 5, 公比は 2 であるから, 一般項は
$$a_n=\mathbf{5\cdot 2}^{n-1} \quad 答 \qquad a_7=5\cdot 2^{7-1}=\mathbf{320} \quad 答$$

(2) 初項は -2, 公比は -1 であるから, 一般項は
$$a_n=-2(-1)^{n-1}=\mathbf{2(-1)}^n \quad 答 \qquad a_7=2(-1)^7=\mathbf{-2} \quad 答$$

(3) 初項は 1, 公比は -3 であるから, 一般項は
$$a_n=1\cdot(-3)^{n-1}=\mathbf{(-3)}^{n-1} \quad 答 \qquad a_7=(-3)^{7-1}=\mathbf{729} \quad 答$$

(4) 初項は 9, 公比は $\dfrac{2}{3}$ であるから, 一般項は
$$a_n=\mathbf{9}\left(\dfrac{2}{3}\right)^{n-1} \quad 答 \qquad a_7=9\left(\dfrac{2}{3}\right)^{7-1}=\dfrac{2^6}{3^4}=\dfrac{64}{81} \quad 答$$

練習
16

第 3 項が 6, 第 7 項が 486 である等比数列 $\{a_n\}$ の初項と公比を求めよ。また, 一般項を求めよ。ただし, 公比は実数とする。

指針 **2項が与えられた等比数列** $a_3 = ar^2 = 6$, $a_7 = ar^6 = 486$ を解いて, 初項 a, 公比 r を求める。

解答 この数列の初項を a, 公比を r とすると $a_n = ar^{n-1}$

$$ar^2 = 6 \quad \cdots\cdots ① \qquad ar^6 = 486 \quad \cdots\cdots ②$$

①, ② から $\qquad 6r^4 = 486$

よって $\qquad r^4 = 81$

r は実数であるから $\qquad r = \pm 3$

① から $\quad r = \pm 3$ のとき $a = \dfrac{2}{3}$

ゆえに, **初項 $\dfrac{2}{3}$, 公比 3** または **初項 $\dfrac{2}{3}$, 公比 -3**

また, **一般項は $a_n = \dfrac{2}{3} \cdot 3^{n-1}$ または $a_n = \dfrac{2}{3}(-3)^{n-1}$** 答

問 8
a, b, c が 0 でないとき, 次のことが成り立つことを示せ。
数列 a, b, c が等比数列 $\iff$ $b^2 = ac$

指針 **等比数列をなす3数** 数列 $\{a_n\}$ が等比数列 $\iff$ $\dfrac{a_{n+1}}{a_n} = r$ を利用。

解答 数列 a, b, c が等比数列ならば

$$\frac{b}{a} = \frac{c}{b} \qquad ゆえに \quad b^2 = ac$$

逆に, $b^2 = ac$ ならば $\dfrac{b}{a} = \dfrac{c}{b}$ となり, 数列 a, b, c は等比数列となる。

よって $\quad$ 数列 a, b, c が等比数列 $\iff$ $b^2 = ac$ 終

練習
17
数列 $\dfrac{1}{2}$, b, 8 が等比数列であるとき, b の値を求めよ。

指針 **等比数列をなす3数** 数列 a, b, c が等比数列 $\iff$ $b^2 = ac$ が成り立つ。

解答 数列 $\dfrac{1}{2}$, b, 8 が等比数列であるから $b^2 = \dfrac{1}{2} \cdot 8$

すなわち $\quad b^2 = 4$ $\quad$ ゆえに $\quad$ **$b = \pm 2$** 答

B 等比数列の和

教 p.20

練習
18

次のような等比数列の和を求めよ。

(1) 初項 1，公比 3，項数 5

(2) 初項 3，公比 -2，項数 7

指針 **等比数列の和**　教科書 19 ページの公式にあてはめる。

解答 (1) 初項 1，公比 3，項数 5 の等比数列の和 S_5 は

$$S_5 = \frac{1 \cdot (3^5 - 1)}{3 - 1} = 121 \quad \text{答}$$

(2) 初項 3，公比 -2，項数 7 の等比数列の和 S_7 は

$$S_7 = \frac{3\{1 - (-2)^7\}}{1 - (-2)} = 129 \quad \text{答}$$

教 p.20

練習
19

次の等比数列の初項から第 n 項までの和を求めよ。

(1) 1，-2，4，-8，……　　(2) 9，0.9，0.09，0.009，……

指針 **等比数列の和**　与えられた数列から，初項と公比を求める。また，初項から第 n 項までの和であるから，項数は n である。

解答 (1) 初項は 1，公比は -2 であるから，求める和 S_n は

$$S_n = \frac{1 \cdot \{1 - (-2)^n\}}{1 - (-2)} = \frac{1}{3}\{1 - (-2)^n\} \quad \text{答}$$

(2) 初項は 9，公比は 0.1 であるから，求める和 S_n は

$$S_n = \frac{9\{1 - (0.1)^n\}}{1 - 0.1} = 10\{1 - (0.1)^n\} \quad \text{答}$$

別解 (2) 初項は 9，公比は $\frac{1}{10}$ であるから，求める和 S_n は

$$S_n = \frac{9\left\{1 - \left(\frac{1}{10}\right)^n\right\}}{1 - \frac{1}{10}} = 10\left(1 - \frac{1}{10^n}\right) \quad \text{答}$$

教 p.20

練習
20

第 3 項が 4，初項から第 3 項までの和が 7 である等比数列の，初項 a と公比 r を求めよ。

指針 **和が与えられた等比数列**　第 3 項が 4 であるから　$a_3 = ar^2 = 4$

初項から第 3 項までの和が 7 であるから　$a + ar + ar^2 = 7$

解答 与えられた条件から

$$ar^2 = 4 \qquad \cdots\cdots ①$$
$$a + ar + ar^2 = 7 \qquad \cdots\cdots ②$$

② から $\quad a(1 + r + r^2) = 7$

この式の両辺に r^2 を掛けると $\quad ar^2(1 + r + r^2) = 7r^2$

① を代入して整理すると

$$3r^2 - 4r - 4 = 0 \qquad すなわち \quad (3r+2)(r-2) = 0$$

これを解いて $\quad r = -\dfrac{2}{3},\ 2$

① から $\quad r = -\dfrac{2}{3}$ のとき $a = 9$, $\quad r = 2$ のとき $a = 1$

よって $\quad a = 1,\ r = 2$ **または** $a = 9,\ r = -\dfrac{2}{3}$ 答

研究 複利計算と等比数列

まとめ

複利計算と等比数列

① 一定の期間の終わりごとに利息を元金に繰り入れ，その合計額を次の期間の元金として利息を計算する方法を **複利法** という。

解説 毎期の初めに一定の金額 a 円を積み立てるとき，第 n 期末の積立金の元利合計 S 円を，1 期の利率 r，1 期ごとの複利法で計算してみる。第 1 回の積立金 a 円について，第 1 期末には利息 ar 円がつくから，第 1 期末の元利合計は $a(1+r)$ 円となる。これが第 2 期の元金になるから，第 2 期末の元利合計は $a(1+r)^2$ 円となる。以降同様に計算されて，第 1 回の積立金 a 円の第 n 期末の元利合計は $a(1+r)^n$ 円となる。

第 2 回の積立金 a 円の第 n 期末の元利合計は，第 1 回よりも期間が 1 期少ないから，$a(1+r)^{n-1}$ 円である。以下同様に考えると，第 1 回，第 2 回，第 3 回，……，第 n 回の積立金 a 円の第 n 期末の元利合計は，それぞれ次のようになる。

$$a(1+r)^n 円,\ a(1+r)^{n-1} 円,\ a(1+r)^{n-2} 円,\ \cdots\cdots,\ a(1+r) 円$$

よって，その和 S 円は

$$S = a(1+r) + a(1+r)^2 + a(1+r)^3 + \cdots\cdots + a(1+r)^n$$

となり，初項 $a(1+r)$，公比 $1+r$，項数 n の等比数列の和に等しい。

ゆえに $\quad S = \dfrac{a(1+r)\{(1+r)^n - 1\}}{(1+r)-1} = \dfrac{a(1+r)\{(1+r)^n - 1\}}{r}$

4 和の記号 Σ

まとめ

1 累乗の和

① 自然数の数列の和

$$1+2+3+\cdots\cdots+n=\frac{1}{2}n(n+1)$$

$$1^2+2^2+3^2+\cdots\cdots+n^2=\frac{1}{6}n(n+1)(2n+1)$$

$$1^3+2^3+3^3+\cdots\cdots+n^3=\left\{\frac{1}{2}n(n+1)\right\}^2$$

2 和の記号 Σ

① 数列 $\{a_n\}$ について，初項から第 n 項までの和を，記号 Σ を用いて $\displaystyle\sum_{k=1}^{n} a_k$ と書く。

$$\sum_{k=1}^{n} a_k = a_1 + a_2 + a_3 + \cdots\cdots + a_n$$

また，$\displaystyle\sum_{k=p}^{q} a_k$ と書けば，数列 $\{a_n\}$ の第 p 項から第 q 項までの和を表す。

注意 Σ は，英語の sum（和）の頭文字 S に対応するギリシャ文字で，シグマと読む。

② **数列の和の公式**

$$\sum_{k=1}^{n} c = nc \quad 特に \quad \sum_{k=1}^{n} 1 = n, \qquad \sum_{k=1}^{n} k = \frac{1}{2}n(n+1)$$

$$\sum_{k=1}^{n} k^2 = \frac{1}{6}n(n+1)(2n+1), \qquad \sum_{k=1}^{n} k^3 = \left\{\frac{1}{2}n(n+1)\right\}^2$$

3 Σ の性質

① **Σ の性質**

1 $\displaystyle\sum_{k=1}^{n}(a_k+b_k)=\sum_{k=1}^{n}a_k+\sum_{k=1}^{n}b_k$

2 $\displaystyle\sum_{k=1}^{n}pa_k=p\sum_{k=1}^{n}a_k$ 　　　p は k に無関係な定数

② p, q を k に無関係な定数とするとき，次のことが成り立つ。

$$\sum_{k=1}^{n}(pa_k+qb_k)=p\sum_{k=1}^{n}a_k+q\sum_{k=1}^{n}b_k$$

特に，$p=1$, $q=-1$ とすると，次の等式が得られる。

$$\sum_{k=1}^{n}(a_k-b_k)=\sum_{k=1}^{n}a_k-\sum_{k=1}^{n}b_k$$

教科書 *p.22〜23*

A 累乗の和

p.22

問9 恒等式 $(k+1)^4-k^4=4k^3+6k^2+4k+1$ を利用して，次の等式を証明せよ。

$$1^3+2^3+3^3+\cdots\cdots+n^3=\left\{\frac{1}{2}n(n+1)\right\}^2$$

指針 **自然数の3乗の和** 2乗の和を求めたときと同様に，恒等式の k に 1，2，……，n を代入して，辺々を加えると，左辺は $(n+1)^4-1$ となる。

解答 $S=1^3+2^3+3^3+\cdots\cdots+n^3$ とする。

恒等式 $(k+1)^4-k^4=4k^3+6k^2+4k+1$ において

$k=1$ とすると $\qquad 2^4-1^4=4\cdot1^3+6\cdot1^2+4\cdot1+1$

$k=2$ とすると $\qquad 3^4-2^4=4\cdot2^3+6\cdot2^2+4\cdot2+1$

$\qquad\cdots\cdots \qquad\qquad \cdots\cdots$

$k=n$ とすると $\qquad (n+1)^4-n^4=4\cdot n^3+6\cdot n^2+4\cdot n+1$

これらの n 個の等式を辺々加えると

$(n+1)^4-1^4$
$\quad =4(1^3+2^3+\cdots\cdots+n^3)+6(1^2+2^2+\cdots\cdots+n^2)+4(1+2+\cdots\cdots+n)+n$

$\quad =4S+6\cdot\dfrac{1}{6}n(n+1)(2n+1)+4\cdot\dfrac{1}{2}n(n+1)+n$

ゆえに $\quad 4S=(n+1)^4-1-n(n+1)(2n+1)-2n(n+1)-n$
$\qquad\qquad =(n+1)\{(n+1)^3-n(2n+1)-2n-1\}$
$\qquad\qquad =(n+1)\{(n+1)^3-(n+1)(2n+1)\}$
$\qquad\qquad =(n+1)^2\{(n+1)^2-(2n+1)\}$
$\qquad\qquad =n^2(n+1)^2$

よって $\quad S=\dfrac{n^2(n+1)^2}{4}=\left\{\dfrac{1}{2}n(n+1)\right\}^2$ 終

p.23

練習21 次の和を求めよ。

(1) $1^2+2^2+3^2+\cdots\cdots+20^2$ (2) $1^3+2^3+3^3+\cdots\cdots+7^3$

指針 **自然数の累乗の和** 公式にあてはめて求める。

解答 (1) $1^2+2^2+3^2+\cdots\cdots+20^2=\dfrac{1}{6}\cdot20(20+1)(2\cdot20+1)=\textbf{2870}$ 答

(2) $1^3+2^3+3^3+\cdots\cdots+7^3=\left\{\dfrac{1}{2}\cdot7(7+1)\right\}^2=\textbf{784}$ 答

20 ●第1章│数 列

B 和の記号 Σ

教 p.23

練習 22

次の数列の和を，Σ を用いないで，各項を書き並べて表せ。

(1) $\displaystyle\sum_{k=1}^{n}(5k-1)$　　　(2) $\displaystyle\sum_{k=1}^{n}2^{k+1}$　　　(3) $\displaystyle\sum_{k=3}^{15}(2k+1)^2$

指針 **和の記号 Σ**　$\displaystyle\sum_{k=1}^{n}f(k)=f(1)+f(2)+f(3)+\cdots\cdots+f(n)$ である。つまり，

$f(k)$ の式に，$k=1,\ 2,\ 3,\ \cdots\cdots,\ n$ を代入して書き並べる。

(1) $\displaystyle\sum_{k=1}^{n}(5k-1)=(5\cdot1-1)+(5\cdot2-1)+(5\cdot3-1)+\cdots\cdots+(5n-1)$

　　　　　　　 $=\boldsymbol{4+9+14+\cdots\cdots+(5n-1)}$　答

(2) $\displaystyle\sum_{k=1}^{n}2^{k+1}=2^{1+1}+2^{2+1}+2^{3+1}+\cdots\cdots+2^{n+1}$

　　　　　 $=\boldsymbol{2^2+2^3+2^4+\cdots\cdots+2^{n+1}}$　答

(3) $\displaystyle\sum_{k=3}^{15}(2k+1)^2=(2\cdot3+1)^2+(2\cdot4+1)^2+(2\cdot5+1)^2+\cdots\cdots+(2\cdot15+1)^2$

　　　　　　　　 $=\boldsymbol{7^2+9^2+11^2+\cdots\cdots+31^2}$　答

教 p.23

練習 23

等式 $\displaystyle\sum_{k=1}^{10}(2k+1)=\sum_{i=2}^{11}(2i-1)$ が成り立つことを確かめよ。

指針 **和の記号 Σ**　左辺と右辺について，それぞれを実際に項の和の形に書き直してみる。項数を確認するとよい。

解答 $\displaystyle\sum_{k=1}^{10}(2k+1)=(2\cdot1+1)+(2\cdot2+1)+\cdots\cdots+(2\cdot10+1)$

　　　　　　　 $=3+5+7+9+11+13+15+17+19+21$

$\displaystyle\sum_{i=2}^{11}(2i-1)=(2\cdot2-1)+(2\cdot3-1)+\cdots\cdots+(2\cdot11-1)$

　　　　　　 $=3+5+7+9+11+13+15+17+19+21$

したがって，$\displaystyle\sum_{k=1}^{10}(2k+1)=\sum_{i=2}^{11}(2i-1)$ が成り立つ。　終

教 p.24

練習 24

次の和を求めよ。

(1) $\displaystyle\sum_{k=1}^{n}5^{k-1}$　　　　　　　　　(2) $\displaystyle\sum_{k=1}^{n-1}3^{k}$

指針 **Σを用いて表された等比数列の和**

(1) 初項 1, 公比 5 の等比数列の初項から第 n 項までの和

(2) 初項 3, 公比 3 の等比数列の初項から第 $(n-1)$ 項までの和

解答 (1) $\displaystyle\sum_{k=1}^{n} 5^{k-1} = \frac{5^n - 1}{5 - 1} = \frac{1}{4}(5^n - 1)$ 答

(2) $\displaystyle\sum_{k=1}^{n-1} 3^k = \frac{3(3^{n-1} - 1)}{3 - 1} = \frac{1}{2}(3^n - 3)$ 答

練習 **25**

教 p.24

次の和を求めよ。

(1) $\displaystyle\sum_{k=1}^{15} 2$ (2) $\displaystyle\sum_{k=1}^{10} k$ (3) $\displaystyle\sum_{k=1}^{8} k^2$ (4) $\displaystyle\sum_{k=1}^{6} k^3$

指針 **数列の和の公式** 教科書 24 ページの公式にあてはめて求める。

解答 (1) $\displaystyle\sum_{k=1}^{15} 2 = 15 \cdot 2 = 30$ 答

(2) $\displaystyle\sum_{k=1}^{10} k = \frac{1}{2} \cdot 10(10 + 1) = 55$ 答

(3) $\displaystyle\sum_{k=1}^{8} k^2 = \frac{1}{6} \cdot 8(8 + 1)(2 \cdot 8 + 1) = 204$ 答

(4) $\displaystyle\sum_{k=1}^{6} k^3 = \left\{\frac{1}{2} \cdot 6(6 + 1)\right\}^2 = 441$ 答

C Σ の性質

練習 **26**

教 p.25

次の和を求めよ。

(1) $\displaystyle\sum_{k=1}^{n} (4k + 3)$ (2) $\displaystyle\sum_{k=1}^{n} (3k^2 - 7k + 4)$

(3) $\displaystyle\sum_{k=1}^{n} k(k + 2)$ (4) $\displaystyle\sum_{k=1}^{n-1} 5k$

指針 **Σ の計算** Σ の性質を利用し, $\displaystyle\sum_{k=1}^{n} k^2$, $\displaystyle\sum_{k=1}^{n} k$, $\displaystyle\sum_{k=1}^{n} c$ で表す。

$$\sum_{k=1}^{n} k^2 = \frac{1}{6}n(n+1)(2n+1), \quad \sum_{k=1}^{n} k = \frac{1}{2}n(n+1), \quad \sum_{k=1}^{n} c = nc$$

(4) のように $k = 1$ から $(n-1)$ までならば, n を $(n-1)$ とする。

解答 (1) $\displaystyle\sum_{k=1}^{n} (4k + 3) = 4\sum_{k=1}^{n} k + \sum_{k=1}^{n} 3 = 4 \cdot \frac{1}{2}n(n+1) + 3n$

$\qquad = n\{2(n+1) + 3\} = \boldsymbol{n(2n + 5)}$ 答

(2) $\displaystyle\sum_{k=1}^{n}(3k^2-7k+4)=3\sum_{k=1}^{n}k^2-7\sum_{k=1}^{n}k+\sum_{k=1}^{n}4$

$$=3\cdot\frac{1}{6}n(n+1)(2n+1)-7\cdot\frac{1}{2}n(n+1)+4n$$

$$=\frac{1}{2}n\{(n+1)(2n+1)-7(n+1)+8\}$$

$$=\frac{1}{2}n(2n^2-4n+2)=\boldsymbol{n(n-1)^2}\quad\boxed{答}$$

(3) $\displaystyle\sum_{k=1}^{n}k(k+2)=\sum_{k=1}^{n}(k^2+2k)=\sum_{k=1}^{n}k^2+2\sum_{k=1}^{n}k$

$$=\frac{1}{6}n(n+1)(2n+1)+2\cdot\frac{1}{2}n(n+1)$$

$$=\frac{1}{6}n(n+1)(2n+1+6)=\frac{1}{6}\boldsymbol{n(n+1)(2n+7)}\quad\boxed{答}$$

(4) $\displaystyle\sum_{k=1}^{n-1}5k=5\cdot\frac{1}{2}(n-1)\{(n-1)+1\}=\frac{5}{2}\boldsymbol{n(n-1)}\quad\boxed{答}$

教 p.26

練習 27

次の和を求めよ。

$$1\cdot2\cdot3+2\cdot3\cdot4+3\cdot4\cdot5+\cdots\cdots+n(n+1)(n+2)$$

指針 **数列の一般項と和** 第 k 項 a_k を求め，$\displaystyle\sum_{k=1}^{n}a_k$ を計算する。

解答 この和は，第 k 項が $k(k+1)(k+2)$ である数列の，初項から第 n 項までの和であるから

$$\sum_{k=1}^{n}k(k+1)(k+2)=\sum_{k=1}^{n}(k^3+3k^2+2k)=\sum_{k=1}^{n}k^3+3\sum_{k=1}^{n}k^2+2\sum_{k=1}^{n}k$$

$$=\left\{\frac{1}{2}n(n+1)\right\}^2+3\cdot\frac{1}{6}n(n+1)(2n+1)+2\cdot\frac{1}{2}n(n+1)$$

$$=\frac{1}{4}n(n+1)\{n(n+1)+2(2n+1)+4\}$$

$$=\frac{1}{4}n(n+1)(n^2+5n+6)$$

$$=\frac{1}{4}\boldsymbol{n(n+1)(n+2)(n+3)}\quad\boxed{答}$$

教 p.26

練習 28

次の数列の第 k 項を求めよ。また，初項から第 n 項までの和を求めよ。

$$1^2,\ 1^2+2^2,\ 1^2+2^2+3^2,\ \cdots\cdots,\ 1^2+2^2+3^2+\cdots\cdots+n^2,\ \cdots\cdots$$

指針 **和の形の数列** 第 k 項 a_k は $1^2+2^2+3^2+\cdots\cdots+k^2$　これは自然数の 2 乗の和

で k の式で表される。次に，$\sum\limits_{k=1}^{n} a_k$ を計算する。

解答 この数列の第 k 項 a_k は

$$a_k=\sum_{i=1}^{k} i^2=\frac{1}{6}k(k+1)(2k+1)\quad \text{答}$$

よって，初項から第 n 項までの和は

$$\sum_{k=1}^{n} \frac{1}{6}k(k+1)(2k+1)=\sum_{k=1}^{n} \frac{1}{6}(2k^3+3k^2+k)$$

$$=\frac{1}{6}\left(2\sum_{k=1}^{n} k^3+3\sum_{k=1}^{n} k^2+\sum_{k=1}^{n} k\right)$$

$$=\frac{1}{6}\left[2\left\{\frac{n(n+1)}{2}\right\}^2+3\cdot\frac{1}{6}n(n+1)(2n+1)+\frac{1}{2}n(n+1)\right]$$

$$=\frac{1}{6}\left\{\frac{1}{2}n^2(n+1)^2+\frac{1}{2}n(n+1)(2n+1)+\frac{1}{2}n(n+1)\right\}$$

$$=\frac{1}{12}n(n+1)\{n(n+1)+(2n+1)+1\}$$

$$=\frac{1}{12}n(n+1)(n^2+3n+2)=\frac{1}{12}n(n+1)^2(n+2)\quad \text{答}$$

5 階差数列

1　階差数列

① 数列 $\{a_n\}$ の隣り合う 2 つの項の差

$$b_n=a_{n+1}-a_n$$

$(n=1,\ 2,\ 3,\ \cdots\cdots)$

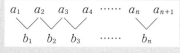

を項とする数列 $\{b_n\}$ を，数列 $\{a_n\}$ の **階差数列** という。

② **階差数列と一般項**

数列 $\{a_n\}$ の階差数列を $\{b_n\}$ とすると

$n\geqq2$ のとき　　　　$a_n=a_1+\sum\limits_{k=1}^{n-1} b_k$

2　数列の和と一般項

① **数列の和と一般項**

数列 $\{a_n\}$ の初項から第 n 項までの和を S_n とすると

初項 a_1 は　　　　　　　$a_1=S_1$

$n\geqq2$ のとき　　　　　$a_n=S_n-S_{n-1}$

A 階差数列

練習 29

次の数列の階差数列は，どのような数列か。

(1) 等差数列 1, 5, 9, 13, 17, 21, ……

(2) 等比数列 1, 3, 9, 27, 81, 243, ……

指針 **階差数列** 隣り合う2つの項の差を計算する。

$$b_1 = a_2 - a_1, \; b_2 = a_3 - a_2, \; b_3 = a_4 - a_3, \; \cdots\cdots$$

解答 (1) この数列の階差数列は

4, 4, 4, 4, 4, ……

よって，**定数 4 の数列** である。 答

(2) この数列の階差数列は

2, 6, 18, 54, 162, ……

よって，**初項 2，公比 3 の等比数列** である。 答

注意 (1) 初項4，公差0の等差数列であり，初項4，公比1の等比数列でもある。

練習 30

次の数列の一般項を求めよ。

(1) 2, 7, 14, 23, 34, 47, ……

(2) 1, 4, 13, 40, 121, 364, ……

指針 **階差数列と一般項** 整数の数列で，その一般項がわかりにくいときは，その数列の階差数列を考えてみる。階差数列の和が求められると，公式によって a_n が求められる。このとき，階差数列の和は，初項から第 $(n-1)$ 項までの和であることに注意する。すなわち，$\sum_{k=1}^{n-1} b_k$ である。これは $\sum_{k=1}^{n} b_k$ を計算した式において，n の代わりに $(n-1)$ とおいたものである。

また，この式は $n \geqq 2$ で成り立つ関係式であるから，必ず $n=1$ のときにも成り立つかどうかを検討することを忘れてはいけない。

解答 (1) この数列 $\{a_n\}$ の階差数列を $\{b_n\}$ とすると，$\{b_n\}$ は

5, 7, 9, 11, 13, ……

となり，これは初項5，公差2の等差数列である。

よって $b_n = 5 + (n-1) \cdot 2 = 2n+3$

ゆえに，$n \geqq 2$ のとき

$$a_n = a_1 + \sum_{k=1}^{n-1}(2k+3)$$

$$= 2 + 2\sum_{k=1}^{n-1}k + \sum_{k=1}^{n-1}3$$

$$=2+2\cdot\frac{1}{2}n(n-1)+3(n-1)$$

すなわち　　$a_n=n^2+2n-1$　……　①

① で $n=1$ とすると $a_1=2$ が得られるから，① は $n=1$ のときにも成り立つ。

したがって，一般項は　$a_n=\boldsymbol{n^2+2n-1}$　答

(2) この数列 $\{a_n\}$ の階差数列を $\{b_n\}$ とすると，$\{b_n\}$ は

　　3, 9, 27, 81, 243, ……

となり，これは初項 3，公比 3 の等比数列である。

よって　　$b_n=3\cdot3^{n-1}=3^n$

ゆえに，$n\geqq2$ のとき

$$a_n=a_1+\sum_{k=1}^{n-1}3^k$$
$$=1+3\sum_{k=1}^{n-1}3^{k-1}$$
$$=1+3\cdot\frac{3^{n-1}-1}{3-1}$$

すなわち　　$a_n=\frac{1}{2}(3^n-1)$　……　①

① で $n=1$ とすると $a_1=1$ が得られるから，① は $n=1$ のときにも成り立つ。

したがって，一般項は　$a_n=\dfrac{1}{2}(3^n-1)$　答

B 数列の和と一般項

教 p.29

練習 31

初項から第 n 項までの和 S_n が次の式で表される数列 $\{a_n\}$ の一般項を求めよ。

(1) $S_n=3n^2-2n$　　　　　　　(2) $S_n=3^n-1$

指針 **数列の和と一般項**　$a_1=S_1$，$a_n=S_n-S_{n-1}$ から。また，求めた a_n は，$n\geqq2$ において成り立つ関係式であるから，この a_n が $n=1$ のときにも成り立つかどうかを調べる。

解答 (1) 初項 a_1 は　　$a_1=S_1=3\cdot1^2-2\cdot1=1$

$n\geqq2$ のとき　　$a_n=S_n-S_{n-1}$
$$=(3n^2-2n)-\{3(n-1)^2-2(n-1)\}$$
$$=(3n^2-2n)-(3n^2-8n+5)$$

よって　　$a_n=6n-5$　……　①

① で $n=1$ とすると $a_1=1$ が得られるから，① は $n=1$ のときにも成り立つ。

したがって，一般項は $a_n=6n-5$ 答

(2) 初項 a_1 は $a_1=S_1=3^1-1=2$

$n\geqq2$ のとき
$$a_n=S_n-S_{n-1}$$
$$=(3^n-1)-(3^{n-1}-1)=3^n-3^{n-1}$$
$$=3^{n-1}(3-1)=2\cdot3^{n-1} \cdots\cdots ①$$

① で $n=1$ とすると $a_1=2$ が得られるから，① は $n=1$ のときにも成り立つ。

したがって，一般項は $a_n=2\cdot3^{n-1}$ 答

教 p.29

深める

教科書の例題 9 において，$S_n=n^2+4n+1$ とする。

(1) $n\geqq2$ のとき，a_n を n の式で表そう。

(2) a_1 を求めよう。

指針 **数列の和と一般項** 練習 31 と同様にする。

注意 本問は，$n\geqq2$ のときの a_n の式において $n=1$ とした値と初項の値は異なる。

解答 (1) $n\geqq2$ のとき
$$a_n=S_n-S_{n-1}$$
$$=(n^2+4n+1)-\{(n-1)^2+4(n-1)+1\}$$
$$=(n^2+4n+1)-(n^2+2n-2)$$

よって $a_n=2n+3$ 答

(2) $a_1=S_1=1^2+4\cdot1+1=6$ 答

6 いろいろな数列の和

まとめ

1 和の求め方の工夫

① これまでに学んだ数列以外にも，いろいろな工夫をすることによって，その和を求められる場合がある。

2 群数列

① もとの数列を，ある規則によっていくつかの組(群)に分けて考える場合がある。

群数列では，もとの数列の規則性と群の分け方の規則性に着目する。

A 和の求め方の工夫

練習
32

次の問いに答えよ。

(1) 恒等式 $\dfrac{1}{(2k-1)(2k+1)} = \dfrac{1}{2}\left(\dfrac{1}{2k-1} - \dfrac{1}{2k+1}\right)$ を証明せよ。

(2) 次の和 S を求めよ。

$$S = \frac{1}{1\cdot3} + \frac{1}{3\cdot5} + \frac{1}{5\cdot7} + \cdots\cdots + \frac{1}{(2n-1)(2n+1)}$$

指針 **分数の形の数列の和**

(1) 右辺を変形して左辺になることを示す。

(2) (1)の恒等式を利用して，各項を変形する。

解答 (1) 右辺を変形すると

$$\frac{1}{2}\left(\frac{1}{2k-1} - \frac{1}{2k+1}\right) = \frac{1}{2}\cdot\frac{(2k+1)-(2k-1)}{(2k-1)(2k+1)}$$

$$= \frac{1}{2}\cdot\frac{2}{(2k-1)(2k+1)}$$

$$= \frac{1}{(2k-1)(2k+1)}$$

よって $\dfrac{1}{(2k-1)(2k+1)} = \dfrac{1}{2}\left(\dfrac{1}{2k-1} - \dfrac{1}{2k+1}\right)$ 終

(2) (1)の恒等式を利用すると

$$S = \frac{1}{1\cdot3} + \frac{1}{3\cdot5} + \frac{1}{5\cdot7} + \cdots\cdots + \frac{1}{(2n-1)(2n+1)}$$

$$= \frac{1}{2}\left(\frac{1}{1} - \frac{1}{3}\right) + \frac{1}{2}\left(\frac{1}{3} - \frac{1}{5}\right) + \frac{1}{2}\left(\frac{1}{5} - \frac{1}{7}\right) + \cdots\cdots$$

$$+ \frac{1}{2}\left(\frac{1}{2n-1} - \frac{1}{2n+1}\right)$$

$$= \frac{1}{2}\left(1 - \frac{1}{2n+1}\right) = \boldsymbol{\frac{n}{2n+1}}$$ 答

練習
33

次の問いに答えよ。

(1) 恒等式 $\dfrac{1}{\sqrt{k}+\sqrt{k+1}} = \sqrt{k+1} - \sqrt{k}$ を証明せよ。

(2) 次の和 S を求めよ。

$$S = \frac{1}{\sqrt{1}+\sqrt{2}} + \frac{1}{\sqrt{2}+\sqrt{3}} + \frac{1}{\sqrt{3}+\sqrt{4}} + \cdots\cdots + \frac{1}{\sqrt{n}+\sqrt{n+1}}$$

指針 **無理数の数列の和**

(1) 左辺の分母・分子に $\sqrt{k}-\sqrt{k+1}$ を掛けて式を変形して右辺になることを示す。

(2) (1)の恒等式を利用して，各項を変形する。

解答 (1) 左辺を変形すると

$$\frac{1}{\sqrt{k}+\sqrt{k+1}}=\frac{\sqrt{k}-\sqrt{k+1}}{(\sqrt{k}+\sqrt{k+1})(\sqrt{k}-\sqrt{k+1})}$$

$$=\frac{\sqrt{k}-\sqrt{k+1}}{k-(k+1)}=\sqrt{k+1}-\sqrt{k}$$

よって $\dfrac{1}{\sqrt{k}+\sqrt{k+1}}=\sqrt{k+1}-\sqrt{k}$ 終

(2) (1)の恒等式を利用すると

$$S=(\sqrt{2}-1)+(\sqrt{3}-\sqrt{2})+(\sqrt{4}-\sqrt{3})+\cdots\cdots+(\sqrt{n+1}-\sqrt{n})$$

$$=\boldsymbol{\sqrt{n+1}-1}\quad 答$$

別解 (1) $(\sqrt{k+1}-\sqrt{k})(\sqrt{k+1}+\sqrt{k})=(k+1)-k=1$

よって $\sqrt{k}+\sqrt{k+1}$ の逆数は $\sqrt{k+1}-\sqrt{k}$ であるから，与えられた恒等式は成り立つ。 終

教 p.31

練習 **34**

次の和 S を求めよ。

$$S=1\cdot1+3\cdot3+5\cdot3^2+\cdots\cdots+(2n-1)\cdot3^{n-1}$$

指針 **いろいろな数列の和** S は

等差数列 $1,\ 3,\ 5,\ \cdots\cdots,\ 2n-1$

等比数列 $1,\ 3,\ 3^2,\ \cdots\cdots,\ 3^{n-1}$

の対応する各項どうしの積の和である。このような和 S を求めるには，等比数列の和の公式を導いた方法と同様に，$S-3S$ を考える。

解答 $S=1\cdot1+3\cdot3+5\cdot3^2+7\cdot3^3+\cdots\cdots+(2n-1)\cdot3^{n-1}$

この両辺に 3 を掛けると

$3S=\quad 1\cdot3+3\cdot3^2+5\cdot3^3+\cdots\cdots+(2n-3)\cdot3^{n-1}+(2n-1)\cdot3^n$

辺々引くと

$S-3S=1+2\cdot3+2\cdot3^2+2\cdot3^3+\cdots\cdots+2\cdot3^{n-1}-(2n-1)\cdot3^n$

よって $-2S=1+2\cdot\dfrac{3(3^{n-1}-1)}{3-1}-(2n-1)\cdot3^n$

ゆえに $\boldsymbol{S=(n-1)\cdot3^n+1}$ 答

練習
35

$S = 1 + 2r + 3r^2 + \cdots\cdots + nr^{n-1}$ とする。

(1) $r = 1$ のとき, S を求めよ。

(2) $r \neq 1$ のとき, S を求めよ。

指針 **いろいろな数列の和**

(1) $r = 1$ のとき $S = 1 + 2 + 3 + \cdots\cdots + n$ となり, 自然数の和となる。

(2) 練習34と同様に, $S - rS$ を考えるとよい。

解答 (1) $r = 1$ であるから

$$S = 1 + 2 + 3 + \cdots\cdots + n = \frac{1}{2}n(n+1) \quad \text{答}$$

(2) $\qquad S = 1 + 2r + 3r^2 + 4r^3 + \cdots\cdots + nr^{n-1}$

この等式の両辺に r を掛けると

$$rS = \qquad r + 2r^2 + 3r^3 + \cdots\cdots + (n-1)r^{n-1} + nr^n$$

辺々引くと

$$(1-r)S = 1 + r + r^2 + r^3 + \cdots\cdots + r^{n-1} - nr^n$$

$r \neq 1$ であるから

$$(1-r)S = \frac{1-r^n}{1-r} - nr^n$$

$$= \frac{1 - r^n - nr^n(1-r)}{1-r}$$

$$= \frac{1 - (n+1)r^n + nr^{n+1}}{1-r}$$

よって $\qquad S = \dfrac{1 - (n+1)r^n + nr^{n+1}}{(1-r)^2} \quad \text{答}$

B 群数列

練習
36

自然数の列を, 次のように群に分ける。ただし, 第 n 群には $(2n-1)$ 個の自然数が入るものとする。

$\qquad 1 \mid 2, 3, 4 \mid 5, 6, 7, 8, 9 \mid 10, \cdots\cdots$

第1群　　第2群　　　　第3群

(1) 第 n 群の最初の自然数を求めよ。

(2) 第10群にあるすべての自然数の和を求めよ。

指針 **群に分けた数列**

(1) 第 k 群に $(2k-1)$ 個を含むから, 第 $(n-1)$ 群の末項までに

$\qquad 1 + 3 + 5 + \cdots\cdots + \{2(n-1)-1\} = (n-1)^2$ (個) だけの自然数がある。

よって，第 n 群の最初の項は，自然数の列 1, 2, 3, …… の $\{(n-1)^2+1\}$ 番目の項である。

(2) $(10-1)^2+1=82$ を初項として，公差が 1，項数 $2\cdot10-1=19$ の等差数列の和である。

解答 (1) $n \geqq 2$ のとき，第 1 群から第 $(n-1)$ 群までにある自然数の個数は

$$\sum_{k=1}^{n-1}(2k-1)=2\cdot\frac{1}{2}(n-1)n-(n-1)=(n-1)^2$$

よって，第 n 群の最初の自然数は，もとの自然数の列の $\{(n-1)^2+1\}$ 番目の項であるから

$$(n-1)^2+1=n^2-2n+2$$

これは $n=1$ のときも成り立つ。

答 $\boldsymbol{n^2-2n+2}$

(2) 第 10 群の最初の自然数は，(1) から

$$10^2-2\cdot10+2=82$$

また，第 10 群の項数は

$$2\cdot10-1=19$$

よって，第 10 群にある自然数の列は，初項 82，公差 1，項数 19 の等差数列である。

したがって，求める和は

$$\frac{1}{2}\cdot19(2\cdot82+18\cdot1)=\boldsymbol{1729} \quad 答$$

深める 教 p.32

教科書の応用例題 5 において，101 は第何群に含まれるだろうか。

指針 **群に分けた数列** 第 n 群の最初の奇数は n^2-n+1 であるから，第 $(n+1)$ 群の最初の奇数は $(n+1)^2-(n+1)+1$

よって，101 が第 n 群に含まれるとすると

$$n^2-n+1\leqq101<(n+1)^2-(n+1)+1$$

解答 101 が第 n 群に含まれるとすると

$$n^2-n+1\leqq101<(n+1)^2-(n+1)+1$$

よって $n(n-1)\leqq100<(n+1)n$ …… ①

$n(n-1)$ は単調に増加し，$10\cdot9=90$，$11\cdot10=110$ であるから，① を満たす自然数 n は $n=10$

したがって，101 は **第 10 群** に含まれる。 答

第1章 第1節　　　問　題

教 p.33

1 第3項が17, 初項から第6項までの和が120である等差数列 $\{a_n\}$ の一般項を求めよ。また, $100 < a_n < 200$ を満たす項の和を求めよ。

指針 **等差数列の一般項と和**　　等差数列の一般項 a_n は, 初項 a と公差 d がわかれば求められる。与えられた条件から, a と d についての連立方程式を作って解く。また, まず, $100 < a_n < 200$ を満たす項は第何項から第何項までかを求める。

解答　この等差数列 $\{a_n\}$ の初項を a, 公差を d とすると

$$a + 2d = 17 \quad \cdots\cdots ①, \quad \frac{1}{2} \cdot 6(2a + 5d) = 120 \quad \cdots\cdots ②$$

①, ②を解いて　　$a = 5, \ d = 6$

よって, 求める**一般項** a_n は　　$a_n = 5 + (n-1) \cdot 6 = \boldsymbol{6n - 1}$　答

$100 < a_n < 200$ から　　$100 < 6n - 1 < 200$

各辺に1を加えて　　$101 < 6n < 201$

各辺を6で割って　　$16.8\cdots < n < 33.5$

n は自然数であるから　　$17 \leqq n \leqq 33$

$a_{17} = 101, \ a_{33} = 197$ から, 求める**和**は初項101, 末項197,

項数 $33 - 17 + 1 = 17$ の等差数列の和で　　$\frac{1}{2} \cdot 17 \cdot (101 + 197) = \boldsymbol{2533}$　答

教 p.33

2 公比が正の数である等比数列 $\{a_n\}$ について, $a_1 + a_2 = 3$, $a_3 + a_4 = 12$ であるという。この数列の第7項を求めよ。

指針 **等比数列の和**　　初項を a, 公比を r とおいて, 条件式を a と r を用いて表し, a と r の連立方程式を作る。

解答　初項を a, 公比を r とすると

$$a_1 + a_2 = a + ar = a(1 + r)$$
$$a_3 + a_4 = ar^2 + ar^3 = ar^2(1 + r)$$

よって　$a(1 + r) = 3 \quad \cdots\cdots ①, \quad ar^2(1 + r) = 12 \quad \cdots\cdots ②$

①を②に代入して　$3r^2 = 12$　　$r > 0$ であるから　　$r = 2$

これを①に代入して　$a = 1$

ゆえに　　$a_n = 2^{n-1}$

したがって, 第7項は　　$\boldsymbol{a_7 = 2^6 = 64}$　答

3 項数 n の数列 $1 \cdot n$, $2 \cdot (n-1)$, $3 \cdot (n-2)$, ……, $n \cdot 1$ がある。

   (1)　この数列の第 k 項を k の式で表せ。

   (2)　この数列の和を求めよ。

指針 **第 k 項と数列の和**

   (2)　$\sum\limits_{k=1}^{n} a_k$ は，n を定数として計算する。

解答 (1)　第 k 項 a_k は

$$a_k = k \cdot \{n - (k-1)\} = \boldsymbol{k(n-k+1)} \quad \text{答}$$

   (2)　$\sum\limits_{k=1}^{n} k(n-k+1) = \sum\limits_{k=1}^{n} \{-k^2 + (n+1)k\} = -\sum\limits_{k=1}^{n} k^2 + (n+1)\sum\limits_{k=1}^{n} k$

$$= -\frac{1}{6} n(n+1)(2n+1) + (n+1) \cdot \frac{1}{2} n(n+1)$$

$$= \boldsymbol{\frac{1}{6} n(n+1)(n+2)} \quad \text{答}$$

4 $a_1 = 2$, $a_2 = 5$, $a_3 = 11$ を満たす数列 $\{a_n\}$ について，次の問いに答えよ。

   (1)　階差数列が等差数列であるとき，数列 $\{a_n\}$ の一般項を求めよ。

   (2)　階差数列が等比数列であるとき，数列 $\{a_n\}$ の一般項を求めよ。

指針 **階差数列と一般項**　　練習 30 の指針に詳しく説明したが，$\{a_n\}$ の一般項（$b_n = a_{n+1} - a_n$ とする）は，わからなければ階差数列 $\{b_n\}$ を調べる。

$a_n = a_1 + \sum\limits_{k=1}^{n-1} b_k$ は $n \geqq 2$ のときであることに注意する。

解答 数列 $\{a_n\}$ の階差数列を $\{b_n\}$ とすると　　$b_1 = 3$, $b_2 = 6$

   (1)　数列 $\{b_n\}$ が等差数列であるとき，数列 $\{b_n\}$ は初項 3，公差 3 の等差数列である。

     よって　　$b_n = 3 + (n-1) \cdot 3 = 3n$

     ゆえに，$n \geqq 2$ のとき

$$a_n = 2 + \sum_{k=1}^{n-1} 3k = 2 + 3 \cdot \frac{1}{2}(n-1)n$$

     すなわち　　$a_n = \dfrac{3}{2} n^2 - \dfrac{3}{2} n + 2$　……①

     ① で $n=1$ とすると $a_1 = 2$ が得られるから，① は $n=1$ のときにも成り立つ。

     したがって，一般項は　　$\boldsymbol{a_n = \dfrac{3}{2} n^2 - \dfrac{3}{2} n + 2}$　答

(2) 数列 $\{b_n\}$ が等比数列であるとき, 数列 $\{b_n\}$ は初項 3, 公比 2 の等比数列である。よって $b_n = 3 \cdot 2^{n-1}$

ゆえに, $n \geqq 2$ のとき

$$a_n = 2 + \sum_{k=1}^{n-1} 3 \cdot 2^{k-1} = 2 + 3 \cdot \frac{2^{n-1}-1}{2-1}$$

すなわち $a_n = 3 \cdot 2^{n-1} - 1$ ...... ①

① で $n=1$ とすると $a_1 = 2$ が得られるから, ① は $n=1$ のときにも成り立つ。

したがって, 一般項は $\boldsymbol{a_n = 3 \cdot 2^{n-1} - 1}$ 答

教 p.33

5 初項から第 n 項までの和 S_n が次の式で表される数列 $\{a_n\}$ の一般項を求めよ。

(1) $S_n = n \cdot 2^n$

(2) $S_n = \dfrac{1}{3} n(n+1)(n+2)$

(3) $S_n = n^3 + 2n + 6$

指針 **数列の和と一般項** $a_1 = S_1$, $n \geqq 2$ のとき $a_n = S_n - S_{n-1}$

解答 (1) 初項 a_1 は $a_1 = S_1 = 1 \cdot 2^1 = 2$

$n \geqq 2$ のとき $a_n = S_n - S_{n-1} = n \cdot 2^n - (n-1) \cdot 2^{n-1}$

よって $a_n = (n+1) \cdot 2^{n-1}$ ...... ①

① で $n=1$ とすると $a_1 = 2$ が得られるから, ① は $n=1$ のときにも成り立つ。

したがって, 一般項は $\boldsymbol{a_n = (n+1) \cdot 2^{n-1}}$ 答

(2) 初項 a_1 は $a_1 = S_1 = \dfrac{1}{3} \cdot 1 \cdot 2 \cdot 3 = 2$

$n \geqq 2$ のとき $a_n = S_n - S_{n-1}$

$$= \frac{1}{3} n(n+1)(n+2) - \frac{1}{3}(n-1)n(n+1)$$

よって $a_n = n(n+1)$ ...... ①

① で $n=1$ とすると $a_1 = 2$ が得られるから, ① は $n=1$ のときにも成り立つ。

したがって, 一般項は $\boldsymbol{a_n = n(n+1)}$ 答

(3) 初項 a_1 は $a_1 = S_1 = 1^3 + 2 \cdot 1 + 6 = 9$

$n \geqq 2$ のとき $a_n = S_n - S_{n-1}$

$$= n^3 + 2n + 6 - \{(n-1)^3 + 2(n-1) + 6\}$$

よって $a_n = 3(n^2 - n + 1)$ ...... ①

① で $n=1$ とすると $a_1=3$ が得られるから，① は $n=1$ のときには成り立たない。

したがって，一般項は　**$a_1=9$, $n\geqq2$ のとき $a_n=3(n^2-n+1)$**　答

教 p.33

6 次の和 S を求めよ。

$$S=\frac{1}{\sqrt{1}+\sqrt{3}}+\frac{1}{\sqrt{3}+\sqrt{5}}+\frac{1}{\sqrt{5}+\sqrt{7}}+\cdots\cdots+\frac{1}{\sqrt{2n-1}+\sqrt{2n+1}}$$

指針 **無理数の数列の和**　第 k 項が下のように分解できるから，この式に $k=1$, 2, 3, ……, n を代入して加えると途中が消し合う。

$$\frac{1}{\sqrt{2k-1}+\sqrt{2k+1}}=\frac{1}{2}(\sqrt{2k+1}-\sqrt{2k-1})$$

解答
$$\frac{1}{\sqrt{2k-1}+\sqrt{2k+1}}=\frac{\sqrt{2k-1}-\sqrt{2k+1}}{(\sqrt{2k-1}+\sqrt{2k+1})(\sqrt{2k-1}-\sqrt{2k+1})}$$
$$=\frac{\sqrt{2k-1}-\sqrt{2k+1}}{(2k-1)-(2k+1)}=\frac{1}{2}(\sqrt{2k+1}-\sqrt{2k-1})$$

よって，求める和 S は

$$S=\sum_{k=1}^{n}\frac{1}{\sqrt{2k-1}+\sqrt{2k+1}}=\frac{1}{2}\sum_{k=1}^{n}(\sqrt{2k+1}-\sqrt{2k-1})$$
$$=\frac{1}{2}\{(\sqrt{3}-\sqrt{1})+(\sqrt{5}-\sqrt{3})+(\sqrt{7}-\sqrt{5})+\cdots\cdots$$
$$+(\sqrt{2n+1}-\sqrt{2n-1})\}$$
$$=\frac{1}{2}(\sqrt{2n+1}-1)$$　答

教 p.33

7 等差数列をなす 3 つの数があって，その和は 18，積は 162 である。この 3 つの数を求めよ。

指針 **等差数列をなす 3 数**　3 つの数を $x-d$, x, $x+d$ とおき，これらの和と積の条件から得られる方程式を連立させて解く。

解答 等差数列をなす 3 つの数を $x-d$, x, $x+d$ とおく。

和が 18，積が 162 であるから

$$\begin{cases}(x-d)+x+(x+d)=18\\(x-d)x(x+d)=162\end{cases}$$

すなわち
$$\begin{cases}3x=18 &\cdots\cdots ①\\x(x^2-d^2)=162 &\cdots\cdots ②\end{cases}$$

① から　　$x=6$

これを ② に代入して　　$d=\pm3$

よって，求める 3 つの数は

　　　3, 6, 9　または　9, 6, 3

すなわち　　**3, 6, 9**　答

8 自然数 n が n 個ずつ続く次のような数列がある。

　　　1, 2, 2, 3, 3, 3, 4, 4, 4, 4, 5, 5, 5, 5, 5, ……

(1)　自然数 n が初めて現れるのは第何項か。

(2)　第 100 項を求めよ。

指針 **群に分ける数列**　　同じ数を 1 つの群とみて

　　　1 | 2, 2 | 3, 3, 3 | 4, 4, 4, 4 | 5, 5, 5, 5, 5 | ……

のように群に分けて考える。

(1)　まず，第 $(n-1)$ 群までの項数を求める。

解答 与えられた数列を次のような群に分ける。

　　　1 | 2, 2 | 3, 3, 3 | 4, 4, 4, 4 | 5, 5, 5, 5, 5 | ……

(1)　第 k 群には，k が k 個あるから，第 $(n-1)$ 群までの項数は

$$1+2+3+\cdots\cdots+(n-1)=\frac{1}{2}(n-1)n$$

　よって，自然数 n が初めて現れる項は

$$第\left\{\frac{1}{2}n(n-1)+1\right\}項　答$$

(2)　第 100 項を m とする。

　まず，$\frac{1}{2}m(m+1)=100$　すなわち　$m^2+m-200=0$ を解くと，

　$m>0$ であるから　$m=\dfrac{-1+\sqrt{801}}{2}=13.6\cdots\cdots$

　$m=13$ のとき　$\frac{1}{2}\cdot13\cdot14=91$

　$m=14$ のとき　$\frac{1}{2}\cdot14\cdot15=105$

　よって，第 100 項は　**14**　答

第2節　数学的帰納法

7 漸化式と数列

まとめ

1　漸化式

① 数列 $\{a_n\}$ が次の2つの条件を満たしているとする。

　　[1]　$a_1=1$　　[2]　$a_{n+1}=a_n+n$　$(n=1,\ 2,\ 3,\ \cdots\cdots)$

[1] をもとにして，[2] において n を 1，2，3，…… とすると

$$a_2=a_1+1=1+1=2$$
$$a_3=a_2+2=2+2=4$$
$$a_4=a_3+3=4+3=7$$
$$\cdots\cdots\cdots\cdots\cdots\cdots\cdots\cdots$$

となり，順次 a_2，a_3，a_4，…… の値がただ1通りに定まる。したがって，数列 $\{a_n\}$ は上の2つの条件 [1]，[2] によって定められる。

上の式 [2] のように，数列において，その前の項から次の項をただ1通りに定める規則を示す等式を **漸化式** という。

注意 今後，特に断りがない場合は，漸化式は $n=1,\ 2,\ 3,\ \cdots\cdots$ で成り立つものとする。

2　漸化式で定められる数列の一般項

① **$a_{n+1}=a_n+d$, $a_{n+1}=ra_n$ の形**

等差数列と等比数列は，次の条件によって定められる。

　　初項 a，公差 d の等差数列は　　　$a_1=a$，$a_{n+1}=a_n+d$

　　初項 a，公比 r の等比数列は　　　$a_1=a$，$a_{n+1}=ra_n$

② **$a_{n+1}=a_n+(n\,の式)$ の形**

漸化式が $a_{n+1}=a_n+(n\,の式)$ の形のとき，階差数列を利用する方法で，一般項が求められることがある。

③ **$a_{n+1}=pa_n+q$ の形**

p，q は定数で，$p\neq0$，$p\neq1$ とする。

漸化式　$a_{n+1}=pa_n+q$　……　①　と初項 a_1 が与えられたとき，①の式を

　　$a_{n+1}-c=p(a_n-c)$　……　②

と変形することができれば，数列 $\{a_n-c\}$ は，初項 a_1-c，公比 p の等比数列であり，このことを利用して一般項 a_n が求められる。

①に対して，等式　　$c=pc+q$　……　③

を満たす定数 c を考えると，①−③から②の
等式が導かれる。

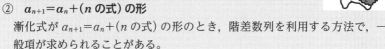

$$\begin{array}{rl} & a_{n+1}=pa_n+q \\ -) & \phantom{a_{n+1}=}c=pc\ +q \\ \hline & a_{n+1}-c=p(a_n-c) \end{array}$$

3 漸化式の応用

① 直線によって分けられる平面の個数や直線の交点の個数など，漸化式を利用して求められることがある。

A 漸化式

教 p.34

練習 **37**

次の条件によって定められる数列 $\{a_n\}$ の第5項を求めよ。

(1) $a_1=2$, $a_{n+1}=3a_n+4$　　　　(2) $a_1=1$, $a_{n+1}=2a_n+n$

指針 **漸化式** 与えられた漸化式をもとに，a_1 から a_2 を求め，a_2 から a_3 を求め，同様に順次 a_5 までを求める。

解答 (1)
$$a_2=3a_1+4=3\cdot2+4=10$$
$$a_3=3a_2+4=3\cdot10+4=34$$
$$a_4=3a_3+4=3\cdot34+4=106$$
よって　$a_5=3a_4+4=3\cdot106+4=\boldsymbol{322}$　答

(2)
$$a_2=2a_1+1=2\cdot1+1=3$$
$$a_3=2a_2+2=2\cdot3+2=8$$
$$a_4=2a_3+3=2\cdot8+3=19$$
よって　$a_5=2a_4+4=2\cdot19+4=\boldsymbol{42}$　答

B 漸化式で定められる数列の一般項

教 p.35

問10

次の条件によって定められる数列 $\{a_n\}$ の一般項を求めよ。

(1) $a_1=2$, $a_{n+1}=a_n+3$　　　　(2) $a_1=1$, $a_{n+1}=-2a_n$

指針 **等差数列と等比数列の漸化式** 条件 $a_1=a$, $a_{n+1}=a_n+d$ によって定められる数列は，初項 a，公差 d の等差数列である。また，条件 $a_1=a$，$a_{n+1}=ra_n$ によって定められる数列は，初項 a，公比 r の等比数列である。

解答 (1) 数列 $\{a_n\}$ は初項2，公差3の等差数列であるから，一般項は
$$a_n=2+(n-1)\cdot3=\boldsymbol{3n-1}$$ 答

(2) 数列 $\{a_n\}$ は初項1，公比 -2 の等比数列であるから，一般項は
$$a_n=1\cdot(-2)^{n-1}=\boldsymbol{(-2)^{n-1}}$$ 答

教 p.35

練習 **38**

次の条件によって定められる数列 $\{a_n\}$ の一般項を求めよ。

(1) $a_1=3$, $a_{n+1}=a_n-5$　　　　(2) $a_1=-2$, $a_{n+1}=3a_n$

指針 **等差数列と等比数列の漸化式**

$a_1=a$, $a_{n+1}=a_n+d$ $\implies$ 初項 a, 公差 d の等差数列

$a_1=a$, $a_{n+1}=ra_n$ $\implies$ 初項 a, 公比 r の等比数列

解答 (1) 数列 $\{a_n\}$ は初項 3, 公差 -5 の等差数列であるから, 一般項は

$$a_n=3+(n-1)\cdot(-5)=-5n+8 \quad 答$$

(2) 数列 $\{a_n\}$ は初項 -2, 公比 3 の等比数列であるから, 一般項は

$$a_n=-2\cdot3^{n-1} \quad 答$$

教 p.35

練習
39

次の条件によって定められる数列 $\{a_n\}$ の一般項を求めよ。

(1) $a_1=2$, $a_{n+1}=a_n+3^n$

(2) $a_1=2$, $a_{n+1}=a_n+n^2+n$

指針 **階差数列の利用** $a_{n+1}-a_n=(n \text{ の式})$ となるとき, この n の式を b_n とすると, 数列 $\{b_n\}$ は数列 $\{a_n\}$ の階差数列であるから, $n\geqq2$ のとき,

$a_n=a_1+\displaystyle\sum_{k=1}^{n-1}b_k$ となる。

解答 (1) 条件より $a_{n+1}-a_n=3^n$

数列 $\{a_n\}$ の階差数列の第 n 項が 3^n であるから, $n\geqq2$ のとき

$$a_n=a_1+\sum_{k=1}^{n-1}3^k=2+\frac{3(3^{n-1}-1)}{3-1}$$

よって $a_n=\dfrac{1}{2}(3^n+1)$ …… ①

① で $n=1$ とすると $a_1=2$ が得られるから, ① は $n=1$ のときにも成り立つ。

したがって, 一般項は $a_n=\dfrac{1}{2}(3^n+1)$ 答

(2) 条件より $a_{n+1}-a_n=n^2+n$

数列 $\{a_n\}$ の階差数列の第 n 項が n^2+n であるから, $n\geqq2$ のとき

$$a_n=a_1+\sum_{k=1}^{n-1}(k^2+k)=a_1+\sum_{k=1}^{n-1}k^2+\sum_{k=1}^{n-1}k$$

$$=2+\frac{1}{6}(n-1)n(2n-1)+\frac{1}{2}(n-1)n$$

よって $a_n=\dfrac{1}{3}(n^3-n+6)$ …… ①

① で $n=1$ とすると $a_1=2$ が得られるから, ① は $n=1$ のときにも成り立つ。

したがって, 一般項は $a_n=\dfrac{1}{3}(n^3-n+6)$ 答

練習
40

次の条件によって定められる数列 $\{a_n\}$ の一般項を求めよ。

(1) $a_1=1$, $a_{n+1}=2a_n+3$ (2) $a_1=0$, $a_{n+1}=1-\dfrac{1}{2}a_n$

指針 **漸化式 $a_{n+1}=pa_n+q$ と一般項**

(1) $c=2c+3$ を満たす c を用いて，$a_{n+1}-c=2(a_n-c)$ と変形。

(2) $c=1-\dfrac{1}{2}c$ を満たす c を用いて，$a_{n+1}-c=-\dfrac{1}{2}(a_n-c)$ と変形。

解答 (1) $a_{n+1}=2a_n+3$ を変形すると
$$a_{n+1}+3=2(a_n+3)$$
ここで，$b_n=a_n+3$ とおくと
$$b_{n+1}=2b_n, \quad b_1=a_1+3=1+3=4$$
よって，数列 $\{b_n\}$ は初項 4，公比 2 の等比数列で
$$b_n=4\cdot2^{n-1}=2^{n+1}$$
$a_n=b_n-3$ であるから，数列 $\{a_n\}$ の一般項は $\boldsymbol{a_n=2^{n+1}-3}$ 答

(2) $a_{n+1}=1-\dfrac{1}{2}a_n$ を変形すると
$$a_{n+1}-\frac{2}{3}=-\frac{1}{2}\left(a_n-\frac{2}{3}\right)$$
ここで，$b_n=a_n-\dfrac{2}{3}$ とおくと
$$b_{n+1}=-\frac{1}{2}b_n, \quad b_1=a_1-\frac{2}{3}=0-\frac{2}{3}=-\frac{2}{3}$$
よって，数列 $\{b_n\}$ は初項 $-\dfrac{2}{3}$，公比 $-\dfrac{1}{2}$ の等比数列で
$$b_n=-\frac{2}{3}\left(-\frac{1}{2}\right)^{n-1}$$
$a_n=b_n+\dfrac{2}{3}$ であるから，数列 $\{a_n\}$ の一般項は
$$\boldsymbol{a_n=\frac{2}{3}\left\{1-\left(-\frac{1}{2}\right)^{n-1}\right\}}$$ 答

深める

教科書の例題 12 を，次のように $\{a_n\}$ の階差数列を利用して解いてみよう。

$a_{n+1}=3a_n+2$ … ① であるから $a_{n+2}=3a_{n+1}+2$ … ②

よって，②－① より $a_{n+2}-a_{n+1}=3(a_{n+1}-a_n)$

指針 **漸化式 $a_{n+1}=pa_n+q$ と一般項** 数列 $\{a_n\}$ の階差数列を $\{b_n\}$ とすると，
$n \geq 2$ のとき $a_n = a_1 + \sum_{k=1}^{n-1} b_k$

解答 数列 $\{a_n\}$ の階差数列を $\{b_n\}$ とする。
$a_{n+1}=3a_n+2$ …… ① であるから
$a_{n+2}=3a_{n+1}+2$ …… ②
よって，②−① より $a_{n+2}-a_{n+1}=3(a_{n+1}-a_n)$
すなわち $b_{n+1}=3b_n$ また $b_1=a_2-a_1=5-1=4$
よって，数列 $\{b_n\}$ は初項 4，公比 3 の等比数列で
$b_n=4\cdot 3^{n-1}$
ゆえに，$n \geq 2$ のとき
$$a_n = a_1 + \sum_{k=1}^{n-1} 4\cdot 3^{k-1} = 1 + 4\cdot\frac{3^{n-1}-1}{3-1}$$
すなわち $a_n=2\cdot 3^{n-1}-1$ …… ③
③ で $n=1$ とすると $a_1=1$ が得られるから，③ は $n=1$ のときにも成り立つ。
したがって，数列 $\{a_n\}$ の一般項は $a_n=2\cdot 3^{n-1}-1$ 答

C 漸化式の応用

教 p.37

練習41 教科書の応用例題 6 において，n 本の直線によって，交点はいくつできるか。

指針 **漸化式の応用** n 本の直線によってできる交点の数を a_n 個として，a_{n+1} と a_n の関係を調べて漸化式を作る。その際，直線が 1 本増えると交点が何個増えるかを考えるとよい。

解答 n 本の直線によってできる交点の数を a_n 個とする。
1 本の直線では交点はできないから $a_1=0$
次に，n 本の直線により，交点が a_n 個できているとき，$(n+1)$ 本目の直線 ℓ を引くと，ℓ は，既にある n 本の直線と n 個の点で交わるから，交点の数は n 個増加する。
よって $a_{n+1}=a_n+n$ すなわち $a_{n+1}-a_n=n$
数列 $\{a_n\}$ の階差数列の第 n 項が n であるから，
$n \geq 2$ のとき $a_n = a_1 + \sum_{k=1}^{n-1} k = 0 + \frac{1}{2}(n-1)n$
よって $a_n = \frac{1}{2}n(n-1)$ …… ①
① で $n=1$ とすると $a_1=0$ が得られるから，① は $n=1$ のときにも成り立つ。
したがって，交点は $\frac{1}{2}n(n-1)$ 個 できる。 答

研究 確率と漸化式

① 数学 A で学ぶ確率に関連した問題に漸化式を利用して求める場合がある。

練習 1 教科書の例 1 において，p_1 を求めよ。また，p_n を n の式で表せ。

教 p.38

指針 **確率と漸化式** 1 つのさいころを 1 回投げると，1 の目は出ても 1 回，すなわち奇数回である。したがって，p_1 は 1 以外の目が出る確率である。また，漸化式は $a_{n+1}=pa_n+q$ の形になる。

解答 p_1 は，さいころを 1 回投げて 1 の目が 0 回出る確率，すなわち 1 以外の目が出る確率であるから $\quad \boldsymbol{p_1=\dfrac{5}{6}}$ 答

例 1 より $\quad p_{n+1}=\dfrac{2}{3}p_n+\dfrac{1}{6}$

変形すると $\quad p_{n+1}-\dfrac{1}{2}=\dfrac{2}{3}\left(p_n-\dfrac{1}{2}\right)$

ここで，$q_n=p_n-\dfrac{1}{2}$ とおくと

$$q_{n+1}=\dfrac{2}{3}q_n, \quad q_1=p_1-\dfrac{1}{2}=\dfrac{5}{6}-\dfrac{1}{2}=\dfrac{1}{3}$$

よって，数列 $\{q_n\}$ は初項 $\dfrac{1}{3}$，公比 $\dfrac{2}{3}$ の等比数列で

$$q_n=\dfrac{1}{3}\left(\dfrac{2}{3}\right)^{n-1}$$

$p_n=q_n+\dfrac{1}{2}$ であるから $\quad \boldsymbol{p_n=\dfrac{1}{3}\left(\dfrac{2}{3}\right)^{n-1}+\dfrac{1}{2}}$ 答

練習 2 △ABC の頂点を移動する点 P がある。点 P は 1 つの頂点に達してから 1 秒後に，他の 2 つの頂点のいずれかに等しい確率で移動する。初め頂点 A にいた点 P が，n 秒後に頂点 B にいる確率を p_n とする。p_n を n の式で表せ。

教 p.38

指針 **漸化式と確率** $(n+1)$ 秒後に頂点 B にいるのは，「n 秒後に頂点 B 以外にいて，その 1 秒後に頂点 B に移動する」という事象である。

解答 初め頂点 A にいた点 P は 1 秒後に等しい確率で頂点 B か頂点 C のどちらか に移動する。

よって，1 秒後に頂点 B にいる確率 p_1 は

$$p_1 = \frac{1}{2}$$

$(n+1)$ 秒後に頂点 B にいるのは，「n 秒後に頂点 B 以外にいて，その 1 秒後 に頂点 B に移動する」という事象である。

よって $\qquad p_{n+1} = (1-p_n) \cdot \frac{1}{2}$

すなわち $\qquad p_{n+1} = -\frac{1}{2}p_n + \frac{1}{2}$

変形すると $\qquad p_{n+1} - \frac{1}{3} = -\frac{1}{2}\left(p_n - \frac{1}{3}\right)$

ここで，$q_n = p_n - \frac{1}{3}$ とおくと

$$q_{n+1} = -\frac{1}{2}q_n, \quad q_1 = p_1 - \frac{1}{3} = \frac{1}{2} - \frac{1}{3} = \frac{1}{6}$$

よって，数列 $\{q_n\}$ は初項 $\frac{1}{6}$，公比 $-\frac{1}{2}$ の等比数列で

$$q_n = \frac{1}{6}\left(-\frac{1}{2}\right)^{n-1}$$

$p_n = q_n + \frac{1}{3}$ であるから

$$p_n = \frac{1}{6}\left(-\frac{1}{2}\right)^{n-1} + \frac{1}{3} \quad \boxed{答}$$

発展 隣接 3 項間の漸化式

まとめ

① p, q は 0 でない定数とする。一般に，漸化式 $a_{n+2}+pa_{n+1}+qa_n=0$ につ いて，2 次方程式 $x^2+px+q=0$ の 2 つの解が α, β であるならば，この漸 化式は次のように変形できる。

$$a_{n+2}-\alpha a_{n+1}=\beta(a_{n+1}-\alpha a_n)$$

注意 解に 1 が含まれるとき，$a_{n+2}-a_{n+1}=k(a_{n+1}-a_n)$ の形に変形できる。 この場合，数列 $\{a_n\}$ の一般項を求めるのに，階差数列 $\{a_{n+1}-a_n\}$ が 利用できる。

練習
1

次の条件によって定められる数列 $\{a_n\}$ の一般項を求めよ。

(1) $a_1=1$, $a_2=4$, $a_{n+2}+a_{n+1}-6a_n=0$

(2) $a_1=0$, $a_2=1$, $a_{n+2}=8a_{n+1}-7a_n$

指針 **隣接3項間の漸化式** 漸化式 $a_{n+2}+pa_{n+1}+qa_n=0$ の形は，次のようにして 2 項間の漸化式に直すことができる。

2 次方程式 $x^2+px+q=0$ の解を α, β とすると，解と係数の関係から

$$\alpha+\beta=-p, \quad \alpha\beta=q$$

漸化式から $\quad a_{n+2}=-pa_{n+1}-qa_n$

よって $\quad a_{n+2}-\alpha a_{n+1}=(-pa_{n+1}-qa_n)-\alpha a_{n+1}$

$$=(\alpha+\beta)a_{n+1}-\alpha\beta a_n-\alpha a_{n+1}=\beta(a_{n+1}-\alpha a_n)$$

同様に $\quad a_{n+2}-\beta a_{n+1}=\alpha(a_{n+1}-\beta a_n)$

これらの関係式を利用して，a_{n+1} と a_n の連立方程式を解いて a_n を求める。

解答 (1) $a_{n+2}+a_{n+1}-6a_n=0$ を変形すると

$$a_{n+2}-2a_{n+1}=-3(a_{n+1}-2a_n) \quad \cdots\cdots ①$$

$$a_{n+2}+3a_{n+1}=2(a_{n+1}+3a_n) \quad \cdots\cdots ②$$

① から，数列 $\{a_{n+1}-2a_n\}$ は初項 $a_2-2a_1=2$，公比 -3 の等比数列で

$$a_{n+1}-2a_n=2(-3)^{n-1} \quad \cdots\cdots ③$$

② から，数列 $\{a_{n+1}+3a_n\}$ は初項 $a_2+3a_1=7$，公比 2 の等比数列で

$$a_{n+1}+3a_n=7\cdot 2^{n-1} \quad \cdots\cdots ④$$

④－③ から

$$5a_n=7\cdot 2^{n-1}-2(-3)^{n-1}$$

したがって，一般項は $\quad a_n=\dfrac{7\cdot 2^{n-1}-2(-3)^{n-1}}{5}$ 答

(2) $a_{n+2}=8a_{n+1}-7a_n$ を変形すると

$$a_{n+2}-a_{n+1}=7(a_{n+1}-a_n) \quad \cdots\cdots ①$$

$$a_{n+2}-7a_{n+1}=a_{n+1}-7a_n \quad \cdots\cdots ②$$

① から，数列 $\{a_{n+1}-a_n\}$ は初項 $a_2-a_1=1$，公比 7 の等比数列で

$$a_{n+1}-a_n=7^{n-1} \quad \cdots\cdots ③$$

② から，数列 $\{a_{n+1}-7a_n\}$ は初項 $a_2-7a_1=1$，公比 1 の等比数列で

$$a_{n+1}-7a_n=1 \quad \cdots\cdots ④$$

③－④ から

$$6a_n=7^{n-1}-1$$

したがって，一般項は $\quad a_n=\dfrac{7^{n-1}-1}{6}$ 答

練習
2

次の条件によって定められる数列 $\{a_n\}$ がある。
$$a_1=0,\ a_2=2,\ a_{n+2}-4a_{n+1}+4a_n=0$$

(1) $a_{n+1}-2a_n=2^n$ であることを示せ。

(2) $\dfrac{a_n}{2^n}=b_n$ とおく。$a_{n+1}-2a_n=2^n$ の両辺を 2^{n+1} で割ることに

よって数列 $\{b_n\}$ の漸化式を導き，数列 $\{b_n\}$ の一般項を求めよ。

(3) 数列 $\{a_n\}$ の一般項を求めよ。

指針 **隣接3項間の漸化式**

(1) 2次方程式 $x^2-4x+4=0$ の解は $x=2$ であるから，漸化式は
$a_{n+2}-2a_{n+1}=2(a_{n+1}-2a_n)$ と変形できる。

(2) $\dfrac{a_n}{2^n}=b_n$ とおくと　　$\dfrac{a_{n+1}}{2^{n+1}}=b_{n+1},\ \dfrac{2a_n}{2^{n+1}}=b_n$

解答 (1) $a_{n+2}-4a_{n+1}+4a_n=0$ を変形すると
$$a_{n+2}-2a_{n+1}=2(a_{n+1}-2a_n)$$
よって，数列 $\{a_{n+1}-2a_n\}$ は初項 $a_2-2a_1=2$，公比 2 の等比数列で
$$a_{n+1}-2a_n=2\cdot2^{n-1}\quad\text{すなわち}\quad a_{n+1}-2a_n=2^n\quad \text{終}$$

(2) $a_{n+1}-2a_n=2^n$ の両辺を 2^{n+1} で割ると
$$\frac{a_{n+1}}{2^{n+1}}-\frac{a_n}{2^n}=\frac{1}{2}$$
$\dfrac{a_n}{2^n}=b_n$ より　　$b_{n+1}-b_n=\dfrac{1}{2}$　　また　　$b_1=\dfrac{a_1}{2}=0$

よって，数列 $\{b_n\}$ は初項 0，公差 $\dfrac{1}{2}$ の等差数列で，その一般項は
$$b_n=0+(n-1)\cdot\frac{1}{2}=\frac{1}{2}(n-1)\quad \text{答}$$

(3) $a_n=b_n\cdot2^n$ であるから，数列 $\{a_n\}$ の一般項は
$$a_n=\frac{1}{2}(n-1)\cdot2^n=(n-1)\cdot2^{n-1}\quad \text{答}$$

発展 **2つの数列の漸化式**

まとめ

① 2つの数列の漸化式から一般項を求めるには，既習の数列に変形すること
が基本である。

教 p.41

練習
1

次の条件によって定められる数列 $\{a_n\}$，$\{b_n\}$ がある。
$$a_1=0, \quad b_1=1, \quad a_{n+1}=a_n+3b_n, \quad b_{n+1}=a_n-b_n$$
(1) 数列 $\{a_n+b_n\}$，$\{a_n-3b_n\}$ の一般項を，それぞれ求めよ。
(2) 数列 $\{a_n\}$，$\{b_n\}$ の一般項を，それぞれ求めよ。

指針 **2つの数列の漸化式**
(1) $a_{n+1}+b_{n+1}$，$a_{n+1}-3b_{n+1}$ を，それぞれ a_n+b_n，a_n-3b_n で表す。
(2) (1)の結果を利用して，a_n，b_n の連立方程式を解く要領で求める。

解答 (1) $a_{n+1}+b_{n+1}=(a_n+3b_n)+(a_n-b_n)=2(a_n+b_n)$
また $a_1+b_1=1$
よって，数列 $\{a_n+b_n\}$ は初項 1，公比 2 の等比数列で
$$a_n+b_n=2^{n-1} \qquad \cdots\cdots ①$$
$a_{n+1}-3b_{n+1}=(a_n+3b_n)-3(a_n-b_n)=-2(a_n-3b_n)$
また $a_1-3b_1=-3$
よって，数列 $\{a_n-3b_n\}$ は初項 -3，公比 -2 の等比数列で
$$a_n-3b_n=-3(-2)^{n-1} \qquad \cdots\cdots ②$$
したがって，求める一般項は
$$\boldsymbol{a_n+b_n=2^{n-1}}, \quad \boldsymbol{a_n-3b_n=-3(-2)^{n-1}} \quad 答$$
(2) ①×3+② から $4a_n=3\cdot2^{n-1}-3(-2)^{n-1}$
よって $$\boldsymbol{a_n=\dfrac{3\cdot2^{n-1}-3(-2)^{n-1}}{4}} \quad 答$$
①−② から $4b_n=2^{n-1}+3(-2)^{n-1}$
よって $$\boldsymbol{b_n=\dfrac{2^{n-1}+3(-2)^{n-1}}{4}} \quad 答$$

8 数学的帰納法

まとめ

1 数学的帰納法による等式の証明
① **数学的帰納法**
自然数 n に関する事柄 P が，すべての自然数 n について成り立つことを数学的帰納法で証明するには，次の2つのことを示す。
[1] $n=1$ のとき P が成り立つ。
[2] $n=k$ のとき P が成り立つと仮定すると，
$n=k+1$ のときにも P が成り立つ。

2 数学的帰納法による不等式の証明

① 例えば，n は 3 以上の自然数とするとき，不等式 $2^n>2n+1$ を，数学的帰納法によって証明する場合

解説 $n\geqq3$ であるから，次のことを示せばよい。

[1] $n=3$ のとき，不等式が成り立つ。

[2] $k\geqq3$ として，$n=k$ のとき不等式が成り立つと仮定すると，$n=k+1$ のときにも不等式が成り立つ。

A 数学的帰納法による等式の証明

練習 42

数学的帰納法によって，次の等式を証明せよ。

(1) $1+2+2^2+\cdots\cdots+2^{n-1}=2^n-1$

(2) $1^2+2^2+3^2+\cdots\cdots+n^2=\dfrac{1}{6}n(n+1)(2n+1)$

指針 **等式の証明** ポイントとなるのは，$n=k$ のときを仮定して $n=k+1$ の等式の成立をどう導くかであるが，等式の証明の場合，一方の辺の $(k+1)$ 番目の項を両辺に加える，ということをまず考える。本問では，それぞれの仮定の等式の両辺に，(1) では 2^k を加え，(2) では $(k+1)^2$ を加える。

解答 (1) この等式を ① とする。

[1] $n=1$ のとき 左辺$=1$，右辺$=2^1-1=1$

よって，$n=1$ のとき，① は成り立つ。

[2] $n=k$ のとき ① が成り立つ，すなわち

$$1+2+2^2+\cdots\cdots+2^{k-1}=2^k-1 \quad\cdots\cdots ②$$

と仮定する。

$n=k+1$ のとき，① の左辺について考えると，② から

$$1+2+2^2+\cdots\cdots+2^{k-1}+2^k=(2^k-1)+2^k$$
$$=2\cdot2^k-1=2^{k+1}-1$$

すなわち $1+2+2^2+\cdots\cdots+2^{(k+1)-1}=2^{k+1}-1$

よって，$n=k+1$ のときにも ① は成り立つ。

[1]，[2] から，すべての自然数 n について ① は成り立つ。 終

(2) この等式を ① とする。

[1] $n=1$ のとき 左辺$=1^2=1$，右辺$=\dfrac{1}{6}\cdot1\cdot2\cdot3=1$

よって，$n=1$ のとき，① は成り立つ。

[2] $n=k$ のとき ① が成り立つ，すなわち

$$1^2+2^2+3^2+\cdots\cdots+k^2=\frac{1}{6}k(k+1)(2k+1) \quad \cdots\cdots ②$$

と仮定する。

$n=k+1$ のとき，① の左辺について考えると，② から

$$1^2+2^2+3^2+\cdots\cdots+k^2+(k+1)^2=\frac{1}{6}k(k+1)(2k+1)+(k+1)^2$$

$$=\frac{1}{6}(k+1)(2k^2+7k+6)=\frac{1}{6}(k+1)(k+2)(2k+3)$$

すなわち

$$1^2+2^2+3^2+\cdots\cdots+k^2+(k+1)^2=\frac{1}{6}(k+1)\{(k+1)+1\}\{2(k+1)+1\}$$

よって，$n=k+1$ のときにも ① は成り立つ。

[1], [2] から，すべての自然数 n について ① は成り立つ。 終

B 数学的帰納法による命題の証明

教 p.44

練習
43
n は自然数とする。5^n-1 は 4 の倍数であることを，数学的帰納法によって証明せよ。

指針 **数学的帰納法による整数の性質の証明** 4 の倍数は m を整数として，$4m$ とおける。

解答 「5^n-1 は 4 の倍数である」を (A) とする。

[1] $n=1$ のとき $5^n-1=5^1-1=5-1=4$

よって，$n=1$ のとき，(A) は成り立つ。

[2] $n=k$ のとき (A) が成り立つ，すなわち 5^k-1 は 4 の倍数であると仮定すると，ある整数 m を用いて $5^k-1=4m$ と表される。

$n=k+1$ のときを考えると

$$5^{k+1}-1=5\cdot5^k-1=5(4m+1)-1$$
$$=20m+4=4(5m+1)$$

$5m+1$ は整数であるから，$5^{k+1}-1$ は 4 の倍数である。

よって，$n=k+1$ のときにも (A) は成り立つ。

[1], [2] から，すべての自然数 n について (A) は成り立つ。 終

C 数学的帰納法による不等式の証明

教 p.45

問11
$a>0$ で，n は自然数とする。不等式 $(1+a)^n\geqq1+na$ を，数学的帰納法によって証明せよ。

指針 **数学的帰納法による不等式の証明**　左辺－右辺≧0 を導く方針でいく。
$n=k+1$ のときに成り立つべき不等式は　　$(1+a)^{k+1}\geqq 1+(k+1)a$　　等号は
$n=1$ のときだけ成り立つから，$(1+a)^{k+1}>1+(k+1)a$ が示されればよい。

解答 この不等式を ① とする。

[1]　$n=1$ のとき　左辺$=1+a$，　右辺$=1+a$

　　よって，$n=1$ のとき，① は成り立つ。

[2]　$n=k$ のとき ① が成り立つ，すなわち

　　　　$(1+a)^k \geqq 1+ka$　……②

　と仮定する。

　$n=k+1$ のとき，① の両辺の差を考えると，② により

$$(1+a)^{k+1}-\{1+(k+1)a\}=(1+a)(1+a)^k-\{1+(k+1)a\}$$
$$\geqq (1+a)(1+ka)-\{1+(k+1)a\}$$
$$=ka^2>0$$

　すなわち　　　　$(1+a)^{k+1}>1+(k+1)a$

　よって，$n=k+1$ のときにも ① は成り立つ。

[1]，[2] から，すべての自然数 n について ① は成り立つ。　終

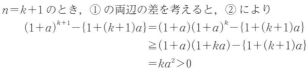

やってみよう!!

教 p.45

練習 44

n は 2 以上の自然数とする。不等式 $3^n>4n$ を，数学的帰納法によって証明せよ。

指針 **数学的帰納法による不等式の証明**　$n\geqq 2$ であるから，[1] では $n=2$ のときに不等式が成り立つことを示す。

解答 この不等式を ① とする。

[1]　$n=2$ のとき

　　　　左辺$=3^2=9$，右辺$=4\cdot2=8$

　　よって，$n=2$ のとき，① は成り立つ。

[2]　$k\geqq 2$ として，$n=k$ のとき ① が成り立つ，すなわち

　　　　　　$3^k>4k$　……②

　と仮定する。

　$n=k+1$ のとき，① の両辺の差を考えると，② により

$$3^{k+1}-4(k+1)=3\cdot3^k-(4k+4)$$
$$>3\cdot4k-(4k+4)$$
$$=4(2k-1)>0$$

　すなわち　　　$3^{k+1}>4(k+1)$

　よって，$n=k+1$ のときにも ① は成り立つ。

[1]，[2] から，2 以上のすべての自然数 n について ① は成り立つ。　終

D 漸化式と数学的帰納法

練習
45

次の条件によって定められる数列 $\{a_n\}$ の一般項を求めよ。

$$a_1=2, \quad a_{n+1}=2-\frac{1}{a_n} \quad (n=1,\ 2,\ 3,\ \cdots\cdots)$$

指針 **漸化式と数学的帰納法** $n=1,\ 2,\ 3$ とおいて一般項 a_n を推測し，その推測が正しいことを，数学的帰納法を用いて証明する。

解答 条件より $\quad a_1=\dfrac{2}{1}=2, \quad a_2=\dfrac{3}{2}, \quad a_3=\dfrac{4}{3}, \quad a_4=\dfrac{5}{4}, \quad \cdots\cdots$

よって，$\{a_n\}$ の一般項は次のようになることが推測される。

$$a_n=\frac{n+1}{n} \quad\cdots\cdots ①$$

この推測が正しいことを，数学的帰納法によって証明する。

[1] $n=1$ のとき $\quad①$ の右辺は $\quad\dfrac{1+1}{1}=2$

初項は $a_1=2$ なので，$n=1$ のとき，① は成り立つ。

[2] $n=k$ のとき ① が成り立つ，すなわち

$$a_k=\frac{k+1}{k} \quad\cdots\cdots ②$$

と仮定する。$n=k+1$ のときを考えると，② から

$$a_{k+1}=2-\frac{1}{a_k}=2-\frac{1}{\dfrac{k+1}{k}}=\frac{k+2}{k+1}=\frac{(k+1)+1}{k+1}$$

よって，$n=k+1$ のときにも ① は成り立つ。

[1]，[2] から，すべての自然数 n について ① は成り立つ。

したがって，求める一般項は $\quad \boldsymbol{a_n=\dfrac{n+1}{n}}$ 答

研究 自然数や整数に関わる命題のいろいろな証明

まとめ

① 教科書 44 ページの例題 14 では，数学的帰納法を用いて次の命題を証明した。

n は自然数とする。このとき，n^3+2n は 3 の倍数である。

この命題は，n が整数の場合にも成り立つ。すなわち，次の命題が成り立つ。

n は整数とする。このとき，n^3+2n は 3 の倍数である。 $\cdots\cdots$ ①

命題 ① は，整数 n を，3 で割ったときの余りで分類することで証明できる。

注意 一般に，整数 a と正の整数 b に対して，$a=bq+r$，$0 \leqq r < b$ を満たす整数 q と r はただ1通りに定まり，q を，a を b で割ったときの**商**，r を **余り** という。

自然数を3で割ったときの余りは，0，1，2のいずれかであるが，負の整数を3で割ったときの余りも，0，1，2のいずれかである。例えば -7 であれば $-7=3\cdot(-3)+2$ と表せるので，-7 を3で割ったときの余りは2である。

② 一般に，正の整数 m が与えられると，すべての整数 n は

$$mk,\ mk+1,\ mk+2,\ \cdots\cdots,\ mk+(m-1) \quad (k\ \text{は整数})$$

のいずれかの形で表される。

整数についての事柄を証明するとき，整数をある正の整数で割ったときの余りで分類して考えるとよいことがある。

また，連続する m 個の整数には，必ず m の倍数が含まれる。

このように，自然数や整数に関わる命題は，数学的帰納法も含めて，いろいろな方法で考察することができる。

練習 1

教 p.48

次の問いに答えよ。

(1) n は自然数とする。$4n^3-n$ は3の倍数であることを，数学的帰納法によって証明せよ。

(2) n は整数とする。$4n^3-n$ は3の倍数であることを証明せよ。

指針 **数学的帰納法や余りの利用による命題の証明**

(1) 3の倍数は m を整数として，$3m$ とおける。

(2) 整数を3で割った余りは，0，1，2のいずれかであることを利用する。

解答 (1) 「$4n^3-n$ は3の倍数である」を (A) とする。

[1] $n=1$ のとき

$$4n^3-n=4\cdot1^3-1=3$$

よって，$n=1$ のとき，(A) は成り立つ。

[2] $n=k$ のとき (A) が成り立つ，すなわち $4k^3-k$ は3の倍数であると仮定すると，ある整数 m を用いて

$$4k^3-k=3m$$

と表される。

$n=k+1$ のときを考えると

$$\begin{aligned}
4(k+1)^3-(k+1) &= 4(k^3+3k^2+3k+1)-(k+1)\\
&= (4k^3-k)+3(4k^2+4k+1)\\
&= 3m+3(4k^2+4k+1)
\end{aligned}$$

$$=3(m+4k^2+4k+1)$$

$m+4k^2+4k+1$ は整数であるから，$4(k+1)^3-(k+1)$ は 3 の倍数である。

よって，$n=k+1$ のときにも (A) は成り立つ。

[1]，[2] から，すべての自然数 n について (A) は成り立つ。 終

(2) 整数を 3 で割ったときの余りは，0，1，2 のいずれかである。

よって，すべての整数は，整数 k を用いて

$$3k, \qquad 3k+1, \qquad 3k+2$$

のいずれかの形に表される。

[1] $n=3k$ のとき

$$4n^3-n=4\cdot(3k)^3-3k=3(36k^3-k)$$

[2] $n=3k+1$ のとき

$$4n^3-n=4\cdot(3k+1)^3-(3k+1)$$
$$=3(36k^3+36k^2+11k+1)$$

[3] $n=3k+2$ のとき

$$4n^3-n=4\cdot(3k+2)^3-(3k+2)$$
$$=3(36k^3+72k^2+47k+10)$$

よって，いずれの場合も，$4n^3-n$ は 3 の倍数である。 終

別解 (2) $4n^3-n=n(4n^2-1)=n\{(n-1)(n+1)+3n^2\}$
$$=(n-1)n(n+1)+3n^3$$

$n-1$，n，$n+1$ は連続する 3 個の整数であるから，その中に 3 の倍数が含まれる。

よって，その積 $(n-1)n(n+1)$ は 3 の倍数である。

ゆえに，$(n-1)n(n+1)+3n^3$ は 3 の倍数であるから，$4n^3-n$ は 3 の倍数である。 終

練習 2 教 p.48

n は自然数とする。$5^n-1=(4+1)^n-1$ と変形することで，5^n-1 が 4 の倍数であることを，二項定理を利用して証明せよ。

指針 **二項定理の利用による命題の証明**

二項定理の等式

$$(a+b)^n={}_nC_0a^n+{}_nC_1a^{n-1}b+{}_nC_2a^{n-2}b^2+\cdots\cdots+{}_nC_nb^n$$

において，$a=4$，$b=1$ とする。

解答 $5^n-1=(4+1)^n-1$
$$=(4^n+{}_nC_14^{n-1}\cdot1+{}_nC_24^{n-2}\cdot1^2+\cdots\cdots+{}_nC_{n-1}4\cdot1^{n-1}+1^n)-1$$
$$=4(4^{n-1}+{}_nC_14^{n-2}+{}_nC_24^{n-3}+\cdots\cdots+{}_nC_{n-1})$$

よって，5^n-1 は 4 の倍数である。 終

第1章 第2節　　　問　題

9 次の条件によって定められる数列 $\{a_n\}$ の一般項を求めよ。

(1) $a_1=4$, $a_{n+1}=a_n-3$ （$n=1, 2, 3, \cdots\cdots$）

(2) $a_1=1$, $a_{n+1}=1-a_n$ （$n=1, 2, 3, \cdots\cdots$）

(3) $a_1=1$, $2a_{n+1}-a_n+2=0$ （$n=1, 2, 3, \cdots\cdots$）

指針 **漸化式**

(1) 数列 $\{a_n\}$ は等差数列である。

(2), (3) $a_{n+1}=pa_n+q$ は $c=pc+q$ を満たす定数 c を考えると、

　　$a_{n+1}-c=p(a_n-c)$ と変形できる。

解答 (1) 数列 $\{a_n\}$ は初項 4、公差 -3 の等差数列であるから、一般項は

$$a_n=4+(n-1)\cdot(-3)=-3n+7 \quad \text{答}$$

(2) $a_{n+1}=1-a_n$ を変形すると　$a_{n+1}-\dfrac{1}{2}=-\left(a_n-\dfrac{1}{2}\right)$

ここで、$b_n=a_n-\dfrac{1}{2}$ とおくと

$$b_{n+1}=-b_n, \quad b_1=a_1-\frac{1}{2}=1-\frac{1}{2}=\frac{1}{2}$$

よって、数列 $\{b_n\}$ は初項 $\dfrac{1}{2}$、公比 -1 の等比数列で

$$b_n=\frac{1}{2}\cdot(-1)^{n-1}$$

$a_n=b_n+\dfrac{1}{2}$ であるから、数列 $\{a_n\}$ の一般項は

$$a_n=\frac{1}{2}\cdot(-1)^{n-1}+\frac{1}{2}=\frac{(-1)^{n-1}+1}{2} \quad \text{答}$$

(3) 条件より　　$a_{n+1}=\dfrac{1}{2}a_n-1$

変形すると　　$a_{n+1}+2=\dfrac{1}{2}(a_n+2)$

ここで、$b_n=a_n+2$ とおくと　$b_{n+1}=\dfrac{1}{2}b_n$,　$b_1=a_1+2=1+2=3$

よって、数列 $\{b_n\}$ は初項 3、公比 $\dfrac{1}{2}$ の等比数列で　$b_n=3\left(\dfrac{1}{2}\right)^{n-1}$

$a_n=b_n-2$ であるから、数列 $\{a_n\}$ の一般項は

$$a_n=3\left(\frac{1}{2}\right)^{n-1}-2 \quad \text{答}$$

教 p.49

10 次の条件によって定められる数列 $\{a_n\}$ がある。

$$a_1 = \frac{1}{3}, \quad \frac{1}{a_{n+1}} - \frac{1}{a_n} = 2n+3 \quad (n=1, 2, 3, \cdots\cdots)$$

(1) $\dfrac{1}{a_n} = b_n$ とおく。数列 $\{b_n\}$ の一般項を求めよ。

(2) 数列 $\{a_n\}$ の一般項を求めよ。

指針 **逆数の漸化式** (1) $b_{n+1} - b_n = 2n+3$ となるが，$c_n = 2n+3$ とおくと数列 $\{c_n\}$ は，数列 $\{b_n\}$ の階差数列である。

解答 (1) $\dfrac{1}{a_n} = b_n$ とおくと $b_{n+1} - b_n = 2n+3$

よって，数列 $\{b_n\}$ の階差数列の第 n 項は $2n+3$

ゆえに，$n \geq 2$ のとき

$$b_n = b_1 + \sum_{k=1}^{n-1}(2k+3) = \frac{1}{a_1} + 2\sum_{k=1}^{n-1}k + \sum_{k=1}^{n-1}3$$

$$= 3 + 2 \cdot \frac{1}{2}(n-1)n + 3(n-1) = n^2 + 2n$$

よって $b_n = n(n+2)$ …… ①

初項は $b_1 = \dfrac{1}{a_1} = 3$ であり，① で $n=1$ とすると $b_1 = 3$ が得られるから，①は $n=1$ のときにも成り立つ。

よって，数列 $\{b_n\}$ の一般項は $\boldsymbol{b_n = n(n+2)}$ 答

(2) $\dfrac{1}{a_n} = b_n$ より $\boldsymbol{a_n = \dfrac{1}{b_n} = \dfrac{1}{n(n+2)}}$ 答

教 p.49

11 n は 4 以上の自然数とする。数学的帰納法によって，次の不等式を証明せよ。

$$2^n > n^2 - n + 2$$

指針 **数学的帰納法による不等式の証明** $n \geq 4$ であるから
[1] では $n=4$ のときに不等式が成り立つことを示す。

解答 この不等式を ① とする。

[1] $n=4$ のとき 左辺 $= 2^4 = 16$，右辺 $= 4^2 - 4 + 2 = 14$

よって，$n=4$ のとき，① は成り立つ。

[2] $k \geq 4$ として，$n=k$ のとき ① が成り立つ，すなわち

$$2^k > k^2 - k + 2 \quad \cdots\cdots ②$$

と仮定する。

$n=k+1$ のとき，① の両辺の差を考えると，② により

$$2^{k+1}-\{(k+1)^2-(k+1)+2\}$$
$$=2\cdot2^k-(k^2+k+2)$$
$$>2(k^2-k+2)-(k^2+k+2)$$
$$=k^2-3k+2=(k-1)(k-2)>0$$

すなわち $2^{k+1}>(k+1)^2-(k+1)+2$

よって，$n=k+1$ のときにも ① は成り立つ。

[1]，[2] から，4 以上のすべての自然数 n について ① は成り立つ。 ■

教 p.49

12 次の条件によって定められる数列 $\{a_n\}$ がある。

$$a_1=1, \quad a_{n+1}=\frac{4}{4-a_n} \quad (n=1,\ 2,\ 3,\ \cdots\cdots)$$

(1) $a_2,\ a_3,\ a_4,\ a_5$ を求めよ。

(2) 一般項 a_n を推測して，その結果を数学的帰納法によって証明せよ。

指針 **漸化式と数学的帰納法**

(2) (1)で求めた $a_2,\ a_3,\ a_4,\ a_5$ から規則性を調べて，第 n 項 a_n を推測する。

解答 (1) $a_2=\dfrac{4}{4-a_1}=\dfrac{4}{3}$, $a_3=\dfrac{4}{4-a_2}=\dfrac{3}{2}$,

$a_4=\dfrac{4}{4-a_3}=\dfrac{8}{5}$, $a_5=\dfrac{4}{4-a_4}=\dfrac{5}{3}$ 答

(2) $a_1=\dfrac{2}{2}$, $a_2=\dfrac{4}{3}$, $a_3=\dfrac{6}{4}$, $a_4=\dfrac{8}{5}$, $a_5=\dfrac{10}{6}$ と考えると，

$$a_n=\frac{2n}{n+1} \quad \cdots\cdots ① \quad となることが推測される。$$

[1] $n=1$ のとき ① の右辺は $\dfrac{2\cdot1}{1+1}=1$

初項は $a_1=1$ なので，$n=1$ のとき，① は成り立つ。

[2] $n=k$ のとき ① が成り立つ，すなわち

$$a_k=\frac{2k}{k+1} \quad \cdots\cdots ②$$

と仮定する。$n=k+1$ のときを考えると，② から

$$a_{k+1}=\frac{4}{4-a_k}=\frac{4}{4-\dfrac{2k}{k+1}}=\frac{4(k+1)}{2k+4}=\frac{2(k+1)}{(k+1)+1}$$

よって，$n=k+1$ のときにも ① は成り立つ。

[1]，[2] から，すべての自然数 n について ① は成り立つ。

したがって，一般項 a_n は　$a_n=\dfrac{2n}{n+1}$　終

13 24 時間に 1 回服用する薬がある。この薬を 1 回服用すると，服用直後の体内の薬の有効成分は 100 mg 増加する。また，体内に入った薬の有効成分の量は 24 時間ごとに 20 % になる。1 回目に薬を服用した直後の体内の有効成分の量が 100 mg であるとき，次の問いに答えよ。

(1) n 回目に薬を服用した直後の体内の有効成分の量を a_n mg とするとき，a_{n+1} を a_n の式で表せ。

(2) a_n を n の式で表せ。

指針 **漸化式の応用**

(1) $(n+1)$ 回目に服用した直後は，n 回目の直後の 20 % と 100 mg の合計になる。

(2) (1)の結果の式を利用する。

解答 (1) n 回目に薬を服用した直後の体内の有効成分の量 a_n (mg) は，24 時間後には　$a_n\times\dfrac{20}{100}=\dfrac{1}{5}a_n$ (mg)　になる。

よって　$a_{n+1}=\dfrac{1}{5}a_n+100$　答

(2) $a_{n+1}=\dfrac{1}{5}a_n+100$ を変形すると

$$a_{n+1}-125=\dfrac{1}{5}(a_n-125)$$

$b_n=a_n-125$ とおくと

$$b_{n+1}=\dfrac{1}{5}b_n,\ b_1=a_1-125=100-125=-25$$

よって，数列 $\{b_n\}$ は初項 -25，公比 $\dfrac{1}{5}$ の等比数列で

$$b_n=-25\left(\dfrac{1}{5}\right)^{n-1}$$

$a_n=b_n+125$ であるから　$a_n=125-25\left(\dfrac{1}{5}\right)^{n-1}=125-\left(\dfrac{1}{5}\right)^{n-3}$　答

第1章　演習問題 A

教 p.50

1. 和 $S=3\cdot2+5\cdot2^2+7\cdot2^3+\cdots\cdots+(2n+1)\cdot2^n$ を求めよ。

指針 **数列の和**　$S-2S$ を計算する。

解答　　　$S=3\cdot2+5\cdot2^2+7\cdot2^3+\cdots\cdots+(2n+1)\cdot2^n$

この両辺に 2 を掛けると

$2S=\qquad 3\cdot2^2+5\cdot2^3+\cdots\cdots+(2n-1)\cdot2^n+(2n+1)\cdot2^{n+1}$

辺々引くと

$-S=6+2^3+2^4+2^5+\cdots\cdots+2^{n+1}-(2n+1)\cdot2^{n+1}$

$\quad=6+\dfrac{2^3(2^{n-1}-1)}{2-1}-(2n+1)\cdot2^{n+1}$

$\quad=-2+2^{n+2}-(2n+1)\cdot2^{n+1}$

$\quad=-2-(2n-1)\cdot2^{n+1}$

ゆえに　$S=\boldsymbol{(2n-1)\cdot2^{n+1}+2}$　答

教 p.50

2. 次の条件によって定められる数列 $\{a_n\}$ がある。

$$a_1=1,\quad a_{n+1}=\frac{a_n}{a_n+3}\quad(n=1,\ 2,\ 3,\ \cdots\cdots)$$

(1)　$\dfrac{1}{a_n}=b_n$ とおく。数列 $\{b_n\}$ の一般項を求めよ。

(2)　数列 $\{a_n\}$ の一般項を求めよ。

指針 **漸化式と一般項**

$a_{n+1}=\dfrac{a_n}{a_n+3}$ の両辺の逆数をとって，b_n の漸化式を導く。

解答 (1)　条件より $a_n\neq0$　$(n=1,\ 2,\ 3,\ \cdots\cdots)$ であるから，

$a_{n+1}=\dfrac{a_n}{a_n+3}$ の両辺の逆数をとると　　$\dfrac{1}{a_{n+1}}=\dfrac{a_n+3}{a_n}$

よって　　$\dfrac{1}{a_{n+1}}=\dfrac{3}{a_n}+1$

ここで，$\dfrac{1}{a_n}=b_n$ とおくと　　$b_{n+1}=3b_n+1$

$b_n=\dfrac{1}{a_n}$ であるから　　$b_1=\dfrac{1}{a_1}=1$

漸化式 $b_{n+1}=3b_n+1$ を変形すると

$$b_{n+1}+\frac{1}{2}=3\left(b_n+\frac{1}{2}\right)$$

$b_n+\dfrac{1}{2}=c_n$ とおくと

$$c_{n+1}=3c_n, \qquad c_1=b_1+\frac{1}{2}=1+\frac{1}{2}=\frac{3}{2}$$

よって，数列 $\{c_n\}$ は初項 $\dfrac{3}{2}$，公比 3 の等比数列で，その一般項は

$$c_n=\frac{3}{2}\cdot3^{n-1}=\frac{1}{2}\cdot3^n$$

$b_n=c_n-\dfrac{1}{2}$ であるから，数列 $\{b_n\}$ の一般項は

$$\boldsymbol{b_n=\frac{1}{2}\cdot3^n-\frac{1}{2}=\frac{3^n-1}{2}} \quad 答$$

(2) $a_n=\dfrac{1}{b_n}$ であるから，数列 $\{a_n\}$ の一般項は

$$\boldsymbol{a_n=\frac{2}{3^n-1}} \quad 答$$

第1章　演習問題 B

教 p.50

3. 次の条件によって定められる数列 $\{a_n\}$ がある。

$$a_1=2, \quad a_{n+1}=2a_n-n+1 \quad (n=1, 2, 3, \cdots\cdots)$$

(1) $a_{n+1}-a_n=b_n$ とおく。数列 $\{b_n\}$ の一般項を求めよ。

(2) 数列 $\{a_n\}$ の一般項を求めよ。

指針 漸化式，階差数列

(1) $b_{n+1}=a_{n+2}-a_{n+1}$ から漸化式 $b_{n+1}=2b_n-1$ を導き，一般項 b_n を求める。

(2) (1)により，数列 $\{a_n\}$ の階差数列 $\{b_n\}$ の一般項が求められるから，一般項 a_n は，$a_n=a_1+\sum_{k=1}^{n-1} b_k$ によって求めることができる。

解答 (1) $a_{n+1}-a_n=b_n$ とおくと

$$b_{n+1}=a_{n+2}-a_{n+1}=\{2a_{n+1}-(n+1)+1\}-(2a_n-n+1)$$
$$=2(a_{n+1}-a_n)-1$$

よって　　$b_{n+1}=2b_n-1$

また　　$b_1=a_2-a_1=(2a_1-1+1)-a_1=a_1=2$

$b_{n+1}=2b_n-1$ を変形すると

$$b_{n+1}-1=2(b_n-1) \qquad また \qquad b_1-1=2-1=1$$

よって，数列 $\{b_n-1\}$ は初項 1，公比 2 の等比数列で

$$b_n-1=2^{n-1}$$

したがって，数列 $\{b_n\}$ の一般項は　　$b_n=2^{n-1}+1$　　答

(2) 数列 $\{a_n\}$ の階差数列 $\{b_n\}$ の一般項が $b_n=2^{n-1}+1$ であるから，

$n\geqq 2$ のとき　　$a_n=a_1+\sum_{k=1}^{n-1}(2^{k-1}+1)$

$$=2+\frac{2^{n-1}-1}{2-1}+(n-1)$$

よって　　　$a_n=2^{n-1}+n$　……①

① で $n=1$ とすると $a_1=2$ が得られるから，① は $n=1$ のときにも成り立つ。

したがって，数列 $\{a_n\}$ の一般項は　　$a_n=2^{n-1}+n$　　答

教 p.50

4. 数列 $\{a_n\}$ の初項から第 n 項までの和 S_n が $S_n=3n-2a_n$ であるとする。

(1) a_{n+1} を a_n の式で表せ。　　(2) 数列 $\{a_n\}$ の一般項を求めよ。

指針 数列の和と一般項

(1) $S_{n+1} - S_n$ を計算する。

(2) (1)で求めた漸化式から，一般項 a_n を求める。

解答 (1)
$$a_{n+1} = S_{n+1} - S_n$$
$$= 3(n+1) - 2a_{n+1} - (3n - 2a_n)$$
$$= -2a_{n+1} + 2a_n + 3$$

よって $\quad 3a_{n+1} = 2a_n + 3$

したがって $\quad \boldsymbol{a_{n+1} = \dfrac{2}{3}a_n + 1}$ 答

(2) $a_1 = S_1 = 3 - 2a_1$ であるから $\quad 3a_1 = 3$

よって $\quad a_1 = 1$

漸化式 $\quad a_{n+1} = \dfrac{2}{3}a_n + 1$ を変形すると $\quad a_{n+1} - 3 = \dfrac{2}{3}(a_n - 3)$

$b_n = a_n - 3$ とおくと $\quad b_{n+1} = \dfrac{2}{3}b_n$

また $\quad b_1 = a_1 - 3 = 1 - 3 = -2$

よって，数列 $\{b_n\}$ は初項 -2，公比 $\dfrac{2}{3}$ の等比数列で

$$b_n = -2\left(\dfrac{2}{3}\right)^{n-1}$$

$a_n = b_n + 3$ であるから，数列 $\{a_n\}$ の一般項は

$$\boldsymbol{a_n = -2\left(\dfrac{2}{3}\right)^{n-1} + 3}$$ 答

教 p.50

5. 次の条件によって定められる数列 $\{a_n\}$ がある。
$$a_1 = 1, \quad na_{n+1} - 2(n+1)a_n = n(n+1) \quad (n = 1, 2, 3, \cdots\cdots)$$

(1) $\dfrac{a_n}{n} = b_n$ とおく。数列 $\{b_n\}$ の一般項を求めよ。

(2) 数列 $\{a_n\}$ の一般項を求めよ。

指針 漸化式とおき換え

(1) 条件式の両辺を $n(n+1)$ で割る。$b_n = \dfrac{a_n}{n}$ のとき $\quad b_{n+1} = \dfrac{a_{n+1}}{n+1}$

まず，b_{n+1} と b_n の漸化式を求める。

解答 (1) $\quad na_{n+1} - 2(n+1)a_n = n(n+1)$

両辺を $n(n+1)$ で割ると $\quad \dfrac{a_{n+1}}{n+1} - 2 \cdot \dfrac{a_n}{n} = 1$

$b_n = \dfrac{a_n}{n}$ とおくと $\quad b_{n+1} - 2b_n = 1 \quad$ また $\quad b_1 = a_1 = 1$

$b_{n+1} - 2b_n = 1$ を変形すると $\quad b_{n+1} + 1 = 2(b_n + 1)$

$c_n = b_n + 1$ とおくと

$\qquad\qquad c_{n+1} = 2c_n \quad$ また $\quad c_1 = b_1 + 1 = 1 + 1 = 2$

よって,数列 $\{c_n\}$ は,初項 2,公比 2 の等比数列で

$\qquad\qquad c_n = 2 \cdot 2^{n-1} = 2^n$

$b_n = c_n - 1$ であるから,数列 $\{b_n\}$ の一般項は

$\qquad\qquad \boldsymbol{b_n = 2^n - 1}$ 答

(2) $a_n = nb_n$ であるから,数列 $\{a_n\}$ の一般項は

$\qquad\qquad \boldsymbol{a_n = n(2^n - 1)}$ 答

6. 数列 $a_1,\ a_2,\ \cdots\cdots,\ a_n,\ \cdots\cdots$ の各項が 1 より小さい正の数であるとき,次の不等式が成り立つことを証明せよ。ただし,$n \geqq 2$ とする。

$\qquad (1-a_1)(1-a_2)\cdots\cdots(1-a_n) > 1 - (a_1 + a_2 + \cdots\cdots + a_n)$

指針 **不等式の証明** 2 以上のすべての自然数 n について成り立つことを,数学的帰納法で証明する。

$\qquad f(k) > 0$ のとき $\quad 1 - \displaystyle\sum_{i=1}^{k+1} a_i + f(k) > 1 - \sum_{i=1}^{k+1} a_i$ を利用する。

解答 この不等式を ① とする。

[1] $n = 2$ のとき,$a_1 a_2 > 0$ であるから

$\qquad (1-a_1)(1-a_2) = 1 - (a_1 + a_2) + a_1 a_2 > 1 - (a_1 + a_2)$

よって,$n = 2$ のとき,① は成り立つ。

[2] $k \geqq 2$ として,$n = k$ のとき ① が成り立つ,すなわち

$\qquad (1-a_1)(1-a_2)\cdots\cdots(1-a_k) > 1 - (a_1 + a_2 + \cdots\cdots + a_k) \quad \cdots\cdots ②$

と仮定する。

$1 - a_{k+1} > 0$ であるから,$1 - a_{k+1}$ を ② の両辺に掛けると

$\qquad (1-a_1)(1-a_2)\cdots\cdots(1-a_k)(1-a_{k+1})$

$\qquad > \{1 - (a_1 + a_2 + \cdots\cdots + a_k)\}(1-a_{k+1})$

$\qquad = 1 - (a_1 + a_2 + \cdots\cdots + a_k + a_{k+1}) + (a_1 + a_2 + \cdots\cdots + a_k)a_{k+1}$

$\qquad > 1 - (a_1 + a_2 + \cdots\cdots + a_k + a_{k+1})$

よって,$n = k+1$ のときにも ① は成り立つ。

[1],[2] から,2 以上のすべての自然数 n について ① は成り立つ。 終

第2章 | 統計的な推測

第1節 確率分布

1 確率変数と確率分布

まとめ

1 確率変数と確率分布

① どの値をとるかは試行の結果によって定まり，とりうる値のおのおのに対してその値をとる確率が定まるような変数を **確率変数** という。

② 確率変数 X のとりうる値が x_1, x_2, ……, x_n であるとき，X が1つの値 x_k をとる確率を $P(X=x_k)$ で表す。
また，X の値が a 以上 b 以下である確率を
$P(a \leqq X \leqq b)$ で表す。

③ $P(X=x_k)$ を単に p_k と書くことにすると，x_k と p_k の対応関係は右の表のように書き表される。

X	x_1	x_2	……	x_n	計
P	p_1	p_2	……	p_n	1

この対応関係を X の **確率分布** または単に **分布** といい，確率変数 X はこの分布に **従う** という。
このとき，次のことが成り立っている。
$$p_1 \geqq 0, \quad p_2 \geqq 0, \quad ……, \quad p_n \geqq 0$$
$$p_1 + p_2 + …… + p_n = 1$$

A 確率変数と確率分布

教 p.55

練習 1
100円硬貨と10円硬貨を1枚ずつ投げるとき，表の出た硬貨の金額の和を X 円とする。確率変数 X の確率分布を求めよ。

指針 **確率分布** 硬貨の表と裏の出方の組合せは，(表, 表), (表, 裏), (裏, 表), (裏, 裏) の4通りあり，それぞれの場合の表の出た硬貨の金額の合計は，
$100+10=110$ (円)，$100+0=100$ (円)，…… となるから
$X=110$, 100, ……
そして，それぞれの場合の確率 p_1, p_2, …… を求める。
求めた p_1, p_2, …… について，$p_1 + p_2 + …… = 1$ を確かめておく。

解答 右のような樹形図をかいて調べると，$X=0$，10，100，110 で，X の確率分布は表のようになる。

X	0	10	100	110	計
P	$\frac{1}{4}$	$\frac{1}{4}$	$\frac{1}{4}$	$\frac{1}{4}$	1

答

100円	10円	表の和(円)
表	表	110
表	裏	100
裏	表	10
裏	裏	0

2 確率変数の期待値と分散

まとめ

1 確率変数の期待値

① 確率変数 X が右の表に示された分布に従うとする。このとき，

$$x_1p_1+x_2p_2+\cdots\cdots+x_np_n=\sum_{k=1}^{n} x_kp_k$$

X	x_1	x_2	$\cdots\cdots$	x_n	計
P	p_1	p_2	$\cdots\cdots$	p_n	1

を X の **期待値** または **平均** といい，$E(X)$ または m で表す。

② 確率変数の期待値

$$E(X)=x_1p_1+x_2p_2+\cdots\cdots+x_np_n=\sum_{k=1}^{n} x_kp_k$$

注意 和を表す記号 $\sum$ については，第1章「数列」を参照。

$E(X)$ の E は，期待値を意味する英語 expectation の頭文字である。また，m は平均を意味する英語 mean の頭文字である。

2 確率変数の分散と標準偏差

① X の期待値を m とすると，X の各値と m との隔たりの程度を表す量として

$$(x_1-m)^2,\ (x_2-m)^2,\ \cdots\cdots,\ (x_n-m)^2$$

が考えられ，$(X-m)^2$ はこれらの値をとる確率変数である。

② 確率変数 $(X-m)^2$ の期待値 $E((X-m)^2)$ を，確率変数 X の **分散** といい，$V(X)$ で表す。このとき，$V(X)$ は次の式で与えられる。

$$V(X)=(x_1-m)^2p_1+(x_2-m)^2p_2+\cdots\cdots+(x_n-m)^2p_n$$

③ 分散 $V(X)$ は確率変数 $(X-m)^2$ の期待値であるから，X の測定単位が，例えば cm であるとき，$V(X)$ の単位は cm^2 となる。そこで，X の測定単位と同じ単位である $\sqrt{V(X)}$ を散らばりの度合いを表す数値として用いることも多い。$\sqrt{V(X)}$ を X の **標準偏差** といい，$\sigma(X)$ で表す。

注意 $V(X)$ の V は，分散を意味する英語 variance の頭文字である。また，$\sigma(X)$ の σ は，標準偏差を意味する英語 standard deviation の頭文字 s に当たるギリシャ文字である。

④ 確率変数 X の分散と標準偏差についてまとめると，次のようになる。

確率変数の分散・標準偏差

分　散　$V(X) = E((X-m)^2)$
$$= (x_1-m)^2 p_1 + (x_2-m)^2 p_2 + \cdots\cdots + (x_n-m)^2 p_n$$
$$= \sum_{k=1}^{n} (x_k-m)^2 p_k$$

標準偏差　$\sigma(X) = \sqrt{V(X)}$

⑤ 分散 $V(X)$ を表す式を変形すると

$$V(X) = \sum_{k=1}^{n} (x_k-m)^2 p_k$$
$$= \sum_{k=1}^{n} (x_k^2 - 2mx_k + m^2) p_k$$
$$= \sum_{k=1}^{n} x_k^2 p_k - 2m \sum_{k=1}^{n} x_k p_k + m^2 \sum_{k=1}^{n} p_k$$
$$= \sum_{k=1}^{n} x_k^2 p_k - 2m \cdot m + m^2 \cdot 1$$
$$= \sum_{k=1}^{n} x_k^2 p_k - m^2$$

ここで，$\displaystyle\sum_{k=1}^{n} x_k^2 p_k$ は確率変数 X^2 の期待値に等しくなるから，次が成り立つ。

$$(X \text{ の分散}) = (X^2 \text{ の期待値}) - (X \text{ の期待値})^2$$

⑥ **分散・標準偏差の公式**

分　散　　　　　　$V(X) = E(X^2) - \{E(X)\}^2$

標準偏差　　　　　$\sigma(X) = \sqrt{E(X^2) - \{E(X)\}^2}$

⑦ 確率変数 X の期待値，分散，標準偏差のことを，それぞれ X の分布の
平均，分散，標準偏差 ともいう。標準偏差 $\sigma(X)$ は分布の平均を中心とし
て，X のとる値の散らばる傾向の程度を表しており，$\sigma(X)$ の値が小さいと，
確率変数 X のとる値は，分布の平均の近くに集中する。

A 確率変数の期待値

教 p.57

練習 2

1 から 5 までの数字が 1 つずつ記入された 5 枚のカードがある。この中から 1 枚を抜き出し，そのカードの数字を X とする。確率変数 X の期待値を求めよ。

指針　カードと期待値　カードの数字 X のとりうる値は 1，2，3，4，5 である。それぞれの場合の確率を求めて確率分布の表を作り，
$E(X) = x_1 p_1 + x_2 p_2 + \cdots\cdots + x_5 p_5$ の式により期待値を計算する。

解答 X のとりうる値は 1, 2, 3, 4, 5 である。また，どの数字のカードを抜き出す確率も $\frac{1}{5}$ である。

よって，X の確率分布は右の表のようになる。

X	1	2	3	4	5	計
P	$\frac{1}{5}$	$\frac{1}{5}$	$\frac{1}{5}$	$\frac{1}{5}$	$\frac{1}{5}$	1

ゆえに，X の期待値は

$$E(X) = 1 \cdot \frac{1}{5} + 2 \cdot \frac{1}{5} + 3 \cdot \frac{1}{5} + 4 \cdot \frac{1}{5} + 5 \cdot \frac{1}{5} = \frac{15}{5} = 3 \quad \boxed{答}$$

練習 3

教 p.57

白玉 7 個と黒玉 3 個が入っている袋の中から，玉を 1 個ずつ，もとに戻さずに 2 回続けて取り出すとき，白玉の出る回数を X とする。確率変数 X の期待値を求めよ。

指針 **玉と期待値** 玉を続けて 2 回取り出すから，白玉の出る回数 X のとりうる値は 0, 1, 2 である。

この問題では確率分布の調べ方がやや複雑であるから，樹形図をかいて整理してから解く。

解答 玉の取り出し方は，図のように表されるから，X がとりうる値は 0, 1, 2 である。

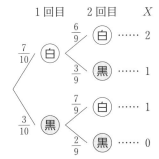

$X=0$ は，2 回続けて黒玉を取り出す事象であるから，$X=0$ となる確率は

$$P(X=0) = \frac{3}{10} \cdot \frac{2}{9} = \frac{1}{15}$$

$X=1$ は，1 回目に白玉，2 回目に黒玉を取り出す事象と，1 回目に黒玉，2 回目に白玉を取り出す事象との和事象である。

これらの事象は互いに排反であるから

$$P(X=1) = \frac{7}{10} \cdot \frac{3}{9} + \frac{3}{10} \cdot \frac{7}{9} = \frac{7}{15}$$

$X=2$ は，2 回続けて白玉を取り出す事象であるから

$$P(X=2) = \frac{7}{10} \cdot \frac{6}{9} = \frac{7}{15}$$

よって，X の確率分布は右の表のようになり，X の期待値は

X	0	1	2	計
P	$\frac{1}{15}$	$\frac{7}{15}$	$\frac{7}{15}$	1

$$E(X) = 0 \cdot \frac{1}{15} + 1 \cdot \frac{7}{15} + 2 \cdot \frac{7}{15} = \frac{21}{15} = \frac{7}{5} \quad \boxed{答}$$

B 確率変数の分散と標準偏差

練習
4

教 p.59

教科書 57 ページの例題 2 の確率変数 X の分散と標準偏差を求めよ。

指針 **分散と標準偏差** 確率変数 X の分散・標準偏差は，次のようにすると求める
ことができる。

① 確率変数 X の確率分布を調べる。

② X の期待値 m を $\quad m=x_1p_1+x_2p_2+\cdots\cdots+x_np_n$ の式より求める。

③ X の分散 $V(X)$ を
$$V(X)=(x_1-m)^2p_1+(x_2-m)^2p_2+\cdots\cdots+(x_n-m)^2p_n$$
の式より求める。

④ X の標準偏差 $\sigma(X)$ を $\sigma(X)=\sqrt{V(X)}$ の式より求める。

解答 教科書 57 ページの例題 2 において，X の確率
分布は右の表のようになる。

X の期待値は

X	1	2	3	計
P	$\frac{3}{10}$	$\frac{6}{10}$	$\frac{1}{10}$	1

$$E(X)=1\cdot\frac{3}{10}+2\cdot\frac{6}{10}+3\cdot\frac{1}{10}=\frac{18}{10}=\frac{9}{5}$$

よって，X の分散，標準偏差は

$$V(X)=\left(1-\frac{9}{5}\right)^2\cdot\frac{3}{10}+\left(2-\frac{9}{5}\right)^2\cdot\frac{6}{10}+\left(3-\frac{9}{5}\right)^2\cdot\frac{1}{10}=\frac{90}{250}=\frac{9}{25}$$

$$\sigma(X)=\sqrt{V(X)}=\sqrt{\frac{9}{25}}=\frac{3}{5}$$

圏 **分散** $\frac{9}{25}$，**標準偏差** $\frac{3}{5}$

教 p.60

練習
5

教科書 57 ページの例題 2 の確率変数 X の分散と標準偏差を，教科
書 60 ページの公式を用いて求めよ。

指針 **分散・標準偏差の公式の利用** 分散を，定義にもとづいて

$V(X)=E((X-m)^2)=\sum_{k=1}^{n}(x_k-m)^2p_k$ の式で求めると，計算が複雑になる場

合が多い。そこで，分散の公式 $V(X)=E(X^2)-\{E(X)\}^2$ を利用して分散を
計算することを考える。なお，$E(X^2)$ は，確率変数 X^2 の期待値を表し
$$E(X^2)=x_1^2p_1+x_2^2p_2+\cdots\cdots+x_n^2p_n$$

解答 例題 2 の結果から，X の確率分布は右の表の
ようになる。

X	1	2	3	計
P	$\frac{3}{10}$	$\frac{6}{10}$	$\frac{1}{10}$	1

また $\quad E(X)=\frac{9}{5}$

X^2 の期待値は $E(X^2)=1^2\cdot\dfrac{3}{10}+2^2\cdot\dfrac{6}{10}+3^2\cdot\dfrac{1}{10}=\dfrac{36}{10}$

よって，X の分散，標準偏差は

$$V(X)=E(X^2)-\{E(X)\}^2=\dfrac{36}{10}-\left(\dfrac{9}{5}\right)^2=\dfrac{18}{50}=\dfrac{9}{25}\quad 答$$

$$\sigma(X)=\sqrt{\dfrac{9}{25}}=\dfrac{3}{5}\quad 答$$

2章

統計的な推測

深める

教 p.60

教科書 60 ページの破線のようになる理由を，分散の定義式
$V(X)=\displaystyle\sum_{k=1}^{n}(x_k-m)^2 p_k$ を使って説明してみよう。

指針 **標準偏差の値と分布** $\sigma(X)=\sqrt{V(X)}$ であるから

$\sigma(X)$ の値が小さい $\iff$ $V(X)$ の値が小さい　　このことを利用する。

解答 標準偏差 $\sigma(X)=\sqrt{V(X)}$ の値が小さいとき，分散 $V(X)=\displaystyle\sum_{k=1}^{n}(x_k-m)^2 p_k$ の

値が小さい。そのとき，X の各値 x_k と平均 m について，

$(x_1-m)^2,\ (x_2-m)^2,\ \cdots\cdots,\ (x_n-m)^2$ の値が小さい，

すなわち X のとる値が m の近くに集中している。　終

3 確率変数の変換

まとめ

1 確率変数の変換

① 確率変数 X が右の表に示された分布に
従うとする。a, b が定数のとき，X の 1
次式 $Y=aX+b$ で Y を定めると，Y もま
た確率変数になる。Y のとる値は
$y_k=ax_k+b$ であり，Y の確率分布は右の
表のようになる。

X	x_1	x_2	$\cdots\cdots$	x_n	計
P	p_1	p_2	$\cdots\cdots$	p_n	1

Y	y_1	y_2	$\cdots\cdots$	y_n	計
P	p_1	p_2	$\cdots\cdots$	p_n	1

X に対して上のような Y を考えることを，**確率変数の変換** という。

② **確率変数の変換**

確率変数 X と定数 a, b に対して，$Y=aX+b$ とすると，Y も確率変数と
なり

$$E(Y)=aE(X)+b$$
$$V(Y)=a^2V(X)$$
$$\sigma(Y)=|a|\sigma(X)$$

A 確率変数の変換

練習
6

教科書の例 3 において，次の確率変数 Y の期待値，分散，標準偏
差を求めよ。

(1) $Y = X + 1$　　　(2) $Y = -2X$　　　(3) $Y = 3X - 2$

指針 **確率変数の変換**　例 3 の X に対して，$E(X)$，$V(X)$，$\sigma(X)$ がわかっている
から，確率変数 $Y = aX + b$ のそれぞれの a，b の値に対して，$E(Y)$，
$V(Y)$，$\sigma(Y)$ を公式にあてはめて計算する。

解答　　　$E(X) = \dfrac{7}{2}$,　$V(X) = \dfrac{35}{12}$,　$\sigma(X) = \dfrac{\sqrt{105}}{6}$

また，$Y = aX + b$ のとき

　　　$E(Y) = aE(X) + b$,　　　$V(Y) = a^2 V(X)$,　　　$\sigma(Y) = |a|\sigma(X)$

(1) $Y = X + 1$ のとき，$a = 1$，$b = 1$ であるから

　　$E(Y) = E(X+1) = 1 \cdot E(X) + 1 = 1 \cdot \dfrac{7}{2} + 1 = \dfrac{9}{2}$

　　$V(Y) = V(X+1) = 1^2 \cdot V(X) = 1 \cdot \dfrac{35}{12} = \dfrac{35}{12}$

　　$\sigma(Y) = \sigma(X+1) = 1 \cdot \sigma(X) = \dfrac{\sqrt{105}}{6}$

答 期待値 $\dfrac{9}{2}$，分散 $\dfrac{35}{12}$，標準偏差 $\dfrac{\sqrt{105}}{6}$

(2) $Y = -2X$ のとき，$a = -2$，$b = 0$ であるから

　　$E(Y) = E(-2X) = -2E(X) + 0 = -2 \cdot \dfrac{7}{2} + 0 = -7$

　　$V(Y) = V(-2X) = (-2)^2 V(X) = 4 \cdot \dfrac{35}{12} = \dfrac{35}{3}$

　　$\sigma(Y) = \sigma(-2X) = 2\sigma(X) = 2 \cdot \dfrac{\sqrt{105}}{6} = \dfrac{\sqrt{105}}{3}$

答 期待値 -7，分散 $\dfrac{35}{3}$，標準偏差 $\dfrac{\sqrt{105}}{3}$

(3) $Y = 3X - 2$ のとき，$a = 3$，$b = -2$ であるから

　　$E(Y) = E(3X-2) = 3E(X) - 2 = 3 \cdot \dfrac{7}{2} - 2 = \dfrac{17}{2}$

　　$V(Y) = V(3X-2) = 3^2 V(X) = 9 \cdot \dfrac{35}{12} = \dfrac{105}{4}$

　　$\sigma(Y) = \sigma(3X-2) = 3\sigma(X) = 3 \cdot \dfrac{\sqrt{105}}{6} = \dfrac{\sqrt{105}}{2}$

答 期待値 $\dfrac{17}{2}$，分散 $\dfrac{105}{4}$，標準偏差 $\dfrac{\sqrt{105}}{2}$

注意 $\sigma(Y)$ は $\sigma(Y)=\sqrt{V(Y)}$ から求めることもできる。

4 確率変数の和と期待値

まとめ

1 同時分布

① X, Y を確率変数とするとき,実数 a, b に対し,$X=a$ かつ $Y=b$ となる確率を $P(X=a,\ Y=b)$ のように表す。

同様に,3つの確率変数 X, Y, Z についても,$X=a$ かつ $Y=b$ かつ $Z=c$ となる確率を $P(X=a,\ Y=b,\ Z=c)$ のように表す。

② 2つの確率変数 X, Y について

X のとる値が x_1, x_2, ……, x_n

Y のとる値が y_1, y_2, ……, y_m

であるとする。

$$P(X=x_i,\ Y=y_j)=p_{ij}$$

とおくと,右の表のように,すべての i と j の組合せについて,$(x_i,\ y_j)$ と p_{ij} の対応が得られる。この対応を X と Y の **同時分布** という。

X＼Y	y_1	y_2	……	y_m	計
x_1	p_{11}	p_{12}	……	p_{1m}	p_1
x_2	p_{21}	p_{22}	……	p_{2m}	p_2
⋮		……………			⋮
⋮		……………			⋮
x_n	p_{n1}	p_{n2}	……	p_{nm}	p_n
計	q_1	q_2	……	q_m	1

この表から 各 i について $P(X=x_i)=\sum\limits_{j=1}^{m} p_{ij}=p_i$

各 j について $P(Y=y_j)=\sum\limits_{i=1}^{n} p_{ij}=q_j$

となるから,X と Y は,それぞれ下の表の分布に従う。

X	x_1	x_2	……	x_n	計
P	p_1	p_2	……	p_n	1

Y	y_1	y_2	……	y_m	計
P	q_1	q_2	……	q_m	1

2 確率変数の和の期待値

① $X+Y$, $aX+bY$ の期待値

    1 $E(X+Y)=E(X)+E(Y)$

    2 $E(aX+bY)=aE(X)+bE(Y)$

② 3つ以上の確率変数の和の期待値についても,上の等式 **1** と同様の等式が成り立つ。例えば,3つの確率変数 X, Y, Z に対して

$$E(X+Y+Z)=E(X)+E(Y)+E(Z) \quad が成り立つ。$$

A 同時分布

練習
7

教 p.64

1 から 3 までの番号のついた 3 枚の札から，A さんが 1 枚を抜き出し，残りの札から B さんが 1 枚を抜き出すとき，A，B 2 人の札の番号を，それぞれ X，Y とする。X と Y の同時分布を求めよ。

指針 **同時分布** A さんが抜き出した札はもとに戻さないので，A さんの抜き出し方によって B さんの抜き出し方は影響をうける。このことから，X の値が x_1，x_2，…… の場合ごとに $P(X=x_1, Y=y_1)$，$P(X=x_1, Y=y_2)$，……，$P(X=x_2, Y=y_1)$，$P(X=x_2, Y=y_2)$，…… を計算する。

解答 X のとりうる値は 1, 2, 3 で，それぞれの確率は

$$P(X=1)=\frac{1}{3}, \quad P(X=2)=\frac{1}{3}, \quad P(X=3)=\frac{1}{3}$$

$X=1$ のとき，残りの 2 枚の札の番号は 2 と 3 であるから

$Y=1, 2, 3$ となる確率は，それぞれ $0, \frac{1}{2}, \frac{1}{2}$

ゆえに
$$P(X=1, Y=1)=\frac{1}{3}\cdot 0=0$$
$$P(X=1, Y=2)=\frac{1}{3}\cdot\frac{1}{2}=\frac{1}{6}$$
$$P(X=1, Y=3)=\frac{1}{3}\cdot\frac{1}{2}=\frac{1}{6}$$

$X=2, 3$ のときも同様に考えると

$$P(X=2, Y=1)=\frac{1}{3}\cdot\frac{1}{2}=\frac{1}{6}$$
$$P(X=2, Y=2)=\frac{1}{3}\cdot 0=0$$
$$P(X=2, Y=3)=\frac{1}{3}\cdot\frac{1}{2}=\frac{1}{6}$$
$$P(X=3, Y=1)=\frac{1}{3}\cdot\frac{1}{2}=\frac{1}{6}$$
$$P(X=3, Y=2)=\frac{1}{3}\cdot\frac{1}{2}=\frac{1}{6}$$
$$P(X=3, Y=3)=\frac{1}{3}\cdot 0=0$$

よって，X と Y の同時分布は右の表のようになる。 答

X \ Y	1	2	3	計
1	0	$\frac{1}{6}$	$\frac{1}{6}$	$\frac{1}{3}$
2	$\frac{1}{6}$	0	$\frac{1}{6}$	$\frac{1}{3}$
3	$\frac{1}{6}$	$\frac{1}{6}$	0	$\frac{1}{3}$
計	$\frac{1}{3}$	$\frac{1}{3}$	$\frac{1}{3}$	1

B 確率変数の和の期待値

練習 8

1 から 10 までの番号をつけた 10 枚のカードの入った袋 A と，1 から 20 までの番号をつけた 20 枚のカードの入った袋 B がある。この 2 つの袋から，それぞれ 1 枚ずつカードを取り出すとき，A から取り出したカードの番号を X，B から取り出したカードの番号を Y とする。番号の和 $X+Y$ の期待値を求めよ。

指針 **確率変数の和 $X+Y$ の期待値** $E(X)$，$E(Y)$ をそれぞれ求めると，和 $X+Y$ の期待値は，$E(X+Y)=E(X)+E(Y)$ より計算できる。

解答 X のとりうる値は 1，2，……，10 であり，A から取り出したカードが 1~10 のうちのどの番号になる確率も $\frac{1}{10}$ であるから，X の期待値は

$$E(X)=1\cdot\frac{1}{10}+2\cdot\frac{1}{10}+\cdots\cdots+10\cdot\frac{1}{10}=(1+2+\cdots\cdots+10)\cdot\frac{1}{10}$$

$$=\frac{1}{2}\cdot10\cdot11\times\frac{1}{10}=\frac{11}{2}$$

同様に，Y のとりうる値は 1，2，……，20 であり，Y の期待値は

$$E(Y)=1\cdot\frac{1}{20}+2\cdot\frac{1}{20}+\cdots\cdots+20\cdot\frac{1}{20}$$

$$=\frac{1}{2}\cdot20\cdot21\times\frac{1}{20}=\frac{21}{2}$$

よって，$X+Y$ の期待値は

$$E(X+Y)=E(X)+E(Y)=\frac{11}{2}+\frac{21}{2}=\textbf{16} \quad 答$$

問 1

1 個のさいころを 2 回続けて投げるとき，1 回目，2 回目に出る目を，それぞれ X，Y とする。確率変数 $4X-2Y$ の期待値を求めよ。

指針 **$aX+bY$ の期待値** $E(X)$，$E(Y)$ をそれぞれ求めると，$aX+bY$ の期待値は，$E(aX+bY)=aE(X)+bE(Y)$ より計算できる。なお，さいころを 2 回続けて投げる場合，1 回目に出る目 X の確率分布と 2 回目に出る目 Y の確率分布は同じであるから，$E(X)$，$E(Y)$ は等しいことに注意する。

解答 1 回目に投げたさいころの目 X の確率分布は右の表のようになる。
よって，X の期待値は

X	1	2	3	4	5	6	計
P	$\frac{1}{6}$	$\frac{1}{6}$	$\frac{1}{6}$	$\frac{1}{6}$	$\frac{1}{6}$	$\frac{1}{6}$	1

$$E(X)=1\cdot\frac{1}{6}+2\cdot\frac{1}{6}+3\cdot\frac{1}{6}+4\cdot\frac{1}{6}+5\cdot\frac{1}{6}+6\cdot\frac{1}{6}=\frac{7}{2}$$

2回目に投げたさいころの目 Y の確率分布も X の確率分布の表と同様であるから $E(Y)=\dfrac{7}{2}$

ゆえに，$4X-2Y$ の期待値は

$$E(4X-2Y)=4E(X)-2E(Y)=4\cdot\dfrac{7}{2}-2\cdot\dfrac{7}{2}=\mathbf{7}$$ 答

練習 9 教 p.66

教科書 66 ページ練習 8 の確率変数 X と Y について，確率変数 $X+2Y$ の期待値を求めよ。

指針 $aX+bY$ の期待値　練習 8 の結果の $E(X)$，$E(Y)$ の値を $E(aX+bY)=aE(X)+bE(Y)$ の関係式に代入すると求められる。

解答　練習 8 の結果から

$$E(X)=\dfrac{11}{2},\quad E(Y)=\dfrac{21}{2}$$

よって，$X+2Y$ の期待値は

$$E(X+2Y)=E(X)+2E(Y)=\dfrac{11}{2}+2\cdot\dfrac{21}{2}=\mathbf{\dfrac{53}{2}}$$ 答

問 2 教 p.66

3 個のさいころを同時に投げるとき，それぞれのさいころの出る目を X，Y，Z とする。出る目の和 $X+Y+Z$ の期待値を求めよ。

指針　3 つの確率変数の和の期待値　それぞれのさいころの出る目 X，Y，Z について，確率分布は同じであるから，$E(X)$，$E(Y)$，$E(Z)$ は等しいことに注意して $E(X)$，$E(Y)$，$E(Z)$ を求め，$E(X+Y+Z)=E(X)+E(Y)+E(Z)$ の関係を利用する。

解答　1 個のさいころの出る目 X の確率分布は右の表のようになる。

X	1	2	3	4	5	6	計
P	$\dfrac{1}{6}$	$\dfrac{1}{6}$	$\dfrac{1}{6}$	$\dfrac{1}{6}$	$\dfrac{1}{6}$	$\dfrac{1}{6}$	1

よって，X の期待値は

$$E(X)=1\cdot\dfrac{1}{6}+2\cdot\dfrac{1}{6}+3\cdot\dfrac{1}{6}+4\cdot\dfrac{1}{6}+5\cdot\dfrac{1}{6}+6\cdot\dfrac{1}{6}=\dfrac{7}{2}$$

他のさいころの出る目 Y，Z についても同じであるから

$$E(Y)=\dfrac{7}{2},\qquad E(Z)=\dfrac{7}{2}$$

ゆえに，$X+Y+Z$ の期待値は

$$E(X+Y+Z)=E(X)+E(Y)+E(Z)=\dfrac{7}{2}+\dfrac{7}{2}+\dfrac{7}{2}=\mathbf{\dfrac{21}{2}}$$ 答

教科書 p.66

練習
10

> 10 円硬貨 1 枚，50 円硬貨 1 枚，100 円硬貨 1 枚を同時に投げると
> き，表の出た硬貨の金額の和の期待値を求めよ。

指針 **確率変数の和 $X+Y+Z$ の期待値** 10 円，50 円，100 円硬貨の表の出たと
きの金額をそれぞれ X，Y，Z とする。例えば，X のとりうる値は 0，10 で
ある。$E(X)$，$E(Y)$，$E(Z)$ を求め，$E(X+Y+Z)=E(X)+E(Y)+E(Z)$
の関係より計算する。

解答 10 円硬貨，50 円硬貨，100 円硬貨の表の出た金額をそれぞれ X，Y，Z とす
ると，表の出た金額の和は $X+Y+Z$ で表される。

X，Y，Z の確率分布はそれぞれ次の表のようになる。

X	0	10	計
P	$\frac{1}{2}$	$\frac{1}{2}$	1

Y	0	50	計
P	$\frac{1}{2}$	$\frac{1}{2}$	1

Z	0	100	計
P	$\frac{1}{2}$	$\frac{1}{2}$	1

したがって，X，Y，Z の期待値はそれぞれ

$$E(X)=0\cdot\frac{1}{2}+10\cdot\frac{1}{2}=5, \qquad E(Y)=0\cdot\frac{1}{2}+50\cdot\frac{1}{2}=25,$$

$$E(Z)=0\cdot\frac{1}{2}+100\cdot\frac{1}{2}=50$$

よって，表の出た硬貨の金額の和 $X+Y+Z$ の期待値は

$$E(X+Y+Z)=E(X)+E(Y)+E(Z)$$
$$=5+25+50=\textbf{80} \quad \boxed{\text{答}}$$

注意 表の出た硬貨の金額の和を X として直接計算することもできる。

X のとりうる値は

$$0,\ 10,\ 50,\ 60,\ 100,\ 110,\ 150,\ 160$$

で，X の確率分布は次の表のようになる。

X	0	10	50	60	100	110	150	160	計
P	$\frac{1}{8}$	$\frac{1}{8}$	$\frac{1}{8}$	$\frac{1}{8}$	$\frac{1}{8}$	$\frac{1}{8}$	$\frac{1}{8}$	$\frac{1}{8}$	1

よって，表の出た硬貨の金額の和 X の期待値は

$$E(X)=0\cdot\frac{1}{8}+10\cdot\frac{1}{8}+50\cdot\frac{1}{8}+60\cdot\frac{1}{8}+100\cdot\frac{1}{8}+110\cdot\frac{1}{8}+150\cdot\frac{1}{8}$$

$$+160\cdot\frac{1}{8}$$

$$=\textbf{80} \quad \boxed{\text{答}}$$

2
章

統計的な推測

5 独立な確率変数と期待値・分散

まとめ

1 確率変数の独立

① 2つの確率変数 X, Y があって，X のとる任意の値 a と，Y のとる任意の値 b について $\quad P(X=a,\ Y=b)=P(X=a)P(Y=b)$

が成り立つとき，確率変数 X と Y は互いに **独立** であるという。

② 2つの確率変数 X と Y が互いに独立で，それぞれの確率分布が

X	x_1	x_2	計
P	p_1	p_2	1

Y	y_1	y_2	計
P	q_1	q_2	1

で与えられているとする。

このとき，$P(X=x_i,\ Y=y_j)=p_{ij}$ とすると，

$$p_{ij}=P(X=x_i,\ Y=y_j)$$
$$=P(X=x_i)P(Y=y_j)=p_iq_j$$

となる。よって，X と Y の同時分布は，右の表のようになる。

X＼Y	y_1	y_2	計
x_1	p_1q_1	p_1q_2	p_1
x_2	p_2q_1	p_2q_2	p_2
計	q_1	q_2	1

③ 一般に，2つの確率変数 X と Y の同時分布が教科書 63 ページの表の通りであるとき，X と Y が互いに独立であることと，$p_{ij}=p_iq_j$ がすべての i と j の組合せについて成り立つことは同値である。

④ 3つ以上の確率変数が互いに独立であることも，2つの確率変数の場合と同様に定義される。例えば，確率変数 X, Y, Z があって，X のとる任意の値 a, Y のとる任意の値 b, Z のとる任意の値 c について
$$P(X=a,\ Y=b,\ Z=c)=P(X=a)P(Y=b)P(Z=c)$$
が成り立つとき，確率変数 X, Y, Z は互いに **独立** であるという。

2 事象の独立と従属

① 2つの事象 A, B において $\quad P_A(B)=P(B)$ ……Ⓐ が成り立つとき，事象 A の起こることが事象 B の起こる確率に影響を与えない。このとき，事象 B は事象 A に **独立** であるという。

② Ⓐ が成り立つとき，乗法定理により，次の式が成り立つ。
$$P(A\cap B)=P(A)P(B)$$ ……Ⓑ
$P(A)\neq0$, $P(B)\neq0$ とする。このとき，逆に Ⓑ が成り立つとすると，その両辺を $P(A)$ で割って Ⓐ が導かれるから，Ⓐ と Ⓑ は同値である。同様に考えて，Ⓑ は等式 $P_B(A)=P(A)$ とも同値である。

ゆえに，事象 B が事象 A に独立ならば，事象 A は事象 B に独立となる。したがって，$P(A\cap B)=P(A)P(B)$ が成り立つとき，2つの事象は互いに独立であるといってよい。

③ 2つの事象 A, B が独立でないとき，A と B は **従属** であるという。

④ **事象の独立**

　　2つの事象 A, B が互いに独立 　$\Longleftrightarrow$ 　$P(A \cap B) = P(A)P(B)$

3　独立な確率変数の積の期待値

① **独立な確率変数の積の期待値**

　　確率変数 X と Y が互いに独立ならば 　$E(XY) = E(X)E(Y)$

② 互いに独立な3つ以上の確率変数の積の期待値についても，同様の等式が成り立つ。例えば，3つの確率変数 X, Y, Z が互いに独立ならば，次の等式が成り立つ。

$$E(XYZ) = E(X)E(Y)E(Z)$$

4　独立な確率変数の和の分散

① **独立な確率変数の和の分散**

　　確率変数 X と Y が互いに独立ならば 　$V(X+Y) = V(X) + V(Y)$

② **$aX + bY$ の分散**

　　確率変数 X と Y が互いに独立ならば 　$V(aX+bY) = a^2 V(X) + b^2 V(Y)$

③ 互いに独立な3つ以上の確率変数の和の分散についても，① と同様の等式が成り立つ。例えば，3つの確率変数 X, Y, Z が互いに独立ならば，次の等式が成り立つ。

$$V(X+Y+Z) = V(X) + V(Y) + V(Z)$$

A 確率変数の独立

問3 教科書の例5において，X のとる任意の値 a と，Y のとる任意の値 b について

$$P(X=a,\ Y=b) = P(X=a)P(Y=b)$$

が成り立つことを確かめよ。

教 p.67

指針 **確率変数の独立**　例5で確かめた $X=1$, $Y=1$ の場合以外のすべての場合について，$P(X=a,\ Y=b)$ と $P(X=a)P(Y=b)$ を計算して確かめる。

解答 例5の表から，次の通り。

$$P(X=0,\ Y=0) = \frac{1}{16},\quad P(X=0)P(Y=0) = \frac{4}{16} \cdot \frac{4}{16} = \frac{1}{16}$$

$$P(X=0,\ Y=1) = \frac{2}{16} = \frac{1}{8},\quad P(X=0)P(Y=1) = \frac{4}{16} \cdot \frac{8}{16} = \frac{1}{8}$$

$$P(X=0,\ Y=2) = \frac{1}{16},\quad P(X=0)P(Y=2) = \frac{4}{16} \cdot \frac{4}{16} = \frac{1}{16}$$

$$P(X=1,\ Y=0) = \frac{2}{16} = \frac{1}{8},\quad P(X=1)P(Y=0) = \frac{8}{16} \cdot \frac{4}{16} = \frac{1}{8}$$

2章 統計的な推測

$$P(X=1,\ Y=1)=\frac{4}{16}=\frac{1}{4},\ \ P(X=1)P(Y=1)=\frac{8}{16}\cdot\frac{8}{16}=\frac{1}{4}$$

$$P(X=1,\ Y=2)=\frac{2}{16}=\frac{1}{8},\ \ P(X=1)P(Y=2)=\frac{8}{16}\cdot\frac{4}{16}=\frac{1}{8}$$

$$P(X=2,\ Y=0)=\frac{1}{16},\ \ P(X=2)P(Y=0)=\frac{4}{16}\cdot\frac{4}{16}=\frac{1}{16}$$

$$P(X=2,\ Y=1)=\frac{2}{16}=\frac{1}{8},\ \ P(X=2)P(Y=1)=\frac{4}{16}\cdot\frac{8}{16}=\frac{1}{8}$$

$$P(X=2,\ Y=2)=\frac{1}{16},\ \ P(X=2)P(Y=2)=\frac{4}{16}\cdot\frac{4}{16}=\frac{1}{16}$$

X のとる値 a $(a=0,\ 1,\ 2)$ と Y のとる値 b $(b=0,\ 1,\ 2)$ について，すべての a，b の値に対して $P(X=a,\ Y=b)=P(X=a)P(Y=b)$ が成り立つ。　終

教 p.68

練習 11

大小 2 個のさいころを同時に投げ，それぞれのさいころの出る目を X，Y とする。確率変数 X，Y が独立であることを確かめよ。

指針 **確率変数の独立**　大小 2 個のさいころの出る目 X，Y に対して，例えば，$P(X=2)$ は大のさいころの目が 2 である確率，$P(X=2,\ Y=3)$ は大のさいころの目が 2 で小のさいころの目が 3 である確率を表す。これらのことを確認した上で，$a=1,\ 2,\ \cdots\cdots,\ 6$，$b=1,\ 2,\ \cdots\cdots,\ 6$ について，$P(X=a,\ Y=b)=P(X=a)P(Y=b)$ が成り立つかどうかを調べる。

解答　確率変数 X，Y の分布はそれぞれ次のようになる。

X	1	2	3	4	5	6	計
P	$\frac{1}{6}$	$\frac{1}{6}$	$\frac{1}{6}$	$\frac{1}{6}$	$\frac{1}{6}$	$\frac{1}{6}$	1

Y	1	2	3	4	5	6	計
P	$\frac{1}{6}$	$\frac{1}{6}$	$\frac{1}{6}$	$\frac{1}{6}$	$\frac{1}{6}$	$\frac{1}{6}$	1

また，X と Y の同時分布は右の表のようになる。

よって，$a=1,\ 2,\ \cdots\cdots,\ 6$，$b=1,\ 2,\ \cdots\cdots,\ 6$ の任意の a と b の値の組合せについて

$$P(X=a)=\frac{1}{6},\quad P(Y=b)=\frac{1}{6}$$

$$P(X=a,\ Y=b)=\frac{1}{36}$$

であるから

$$P(X=a,\ Y=b)=P(X=a)P(Y=b)$$

が成り立つ。よって，確率変数 X，Y は独立である。　終

$X\backslash Y$	1	2	3	4	5	6	計
1	$\frac{1}{36}$	$\frac{1}{36}$	$\frac{1}{36}$	$\frac{1}{36}$	$\frac{1}{36}$	$\frac{1}{36}$	$\frac{1}{6}$
2	$\frac{1}{36}$	$\frac{1}{36}$	$\frac{1}{36}$	$\frac{1}{36}$	$\frac{1}{36}$	$\frac{1}{36}$	$\frac{1}{6}$
3	$\frac{1}{36}$	$\frac{1}{36}$	$\frac{1}{36}$	$\frac{1}{36}$	$\frac{1}{36}$	$\frac{1}{36}$	$\frac{1}{6}$
4	$\frac{1}{36}$	$\frac{1}{36}$	$\frac{1}{36}$	$\frac{1}{36}$	$\frac{1}{36}$	$\frac{1}{36}$	$\frac{1}{6}$
5	$\frac{1}{36}$	$\frac{1}{36}$	$\frac{1}{36}$	$\frac{1}{36}$	$\frac{1}{36}$	$\frac{1}{36}$	$\frac{1}{6}$
6	$\frac{1}{36}$	$\frac{1}{36}$	$\frac{1}{36}$	$\frac{1}{36}$	$\frac{1}{36}$	$\frac{1}{36}$	$\frac{1}{6}$
計	$\frac{1}{6}$	$\frac{1}{6}$	$\frac{1}{6}$	$\frac{1}{6}$	$\frac{1}{6}$	$\frac{1}{6}$	1

B 事象の独立と従属

練習
12

教科書の例題 4 において，2 つの事象 B と C は独立であるか，従属であるか。

指針 **事象の独立と従属**　$P(B)$，$P(C)$，$P(B \cap C)$ をそれぞれ計算し，
$P(B \cap C) = P(B)P(C)$ が成り立つかどうかを調べる。成り立てば B と C は
独立，成り立たなければ B と C は従属である。

解答 小さいさいころの目が 2 である確率より

$$P(B) = \frac{6}{36} = \frac{1}{6}$$

目の和が 6 であるのは，（大の目，小の目）で表すと，目の組合せが (1, 5)，
(2, 4)，……，(5, 1) の 5 通りであるから

$$P(C) = \frac{5}{36}$$

また，小さいさいころの目が 2 で，目の和が 6 であるのは，目の組合せが
(4, 2) の 1 通りであるから

$$P(B \cap C) = \frac{1}{36}$$

したがって　　$P(B \cap C) \neq P(B)P(C)$

よって，2 つの事象 B と C は **従属である**。　答

C 独立な確率変数の積の期待値

練習
13

2 つの確率変数 X と Y が互いに独立で，それぞれの確率分布が次
の表で与えられるとき，積 XY の期待値を求めよ。

X	1	3	計
P	$\frac{2}{3}$	$\frac{1}{3}$	1

Y	2	4	計
P	$\frac{4}{5}$	$\frac{1}{5}$	1

指針 **独立な確率変数の積の期待値**　$E(X)$，$E(Y)$ を求めて，
$E(XY) = E(X)E(Y)$ の関係を利用する。

解答 2 つの確率変数 X と Y は互いに独立である。

また　　$E(X) = 1 \cdot \frac{2}{3} + 3 \cdot \frac{1}{3} = \frac{5}{3}$，$E(Y) = 2 \cdot \frac{4}{5} + 4 \cdot \frac{1}{5} = \frac{12}{5}$

よって，積 XY の期待値は

$$E(XY) = E(X)E(Y) = \frac{5}{3} \cdot \frac{12}{5} = 4$$　答

2
章

統計的な推測

練習 14

教 p.73

3個のさいころを同時に投げて出た目を，それぞれ X, Y, Z とするとき，積 XYZ の期待値を求めよ。

指針 **3つの確率変数の積の期待値** 3つの確率変数 X, Y, Z についても，それらが互いに独立であるとき $E(XYZ)=E(X)E(Y)E(Z)$

解答 X, Y, Z がとりうる値はそれぞれ $1, 2, \cdots\cdots, 6$ であり，そのうちの任意の値を a, b, c とすると

$$P(X=a)=P(Y=b)=P(Z=c)=\frac{1}{6}$$

$$P(X=a, Y=b, Z=c)=\frac{1}{6^3}$$

よって，$P(X=a, Y=b, Z=c)=P(X=a)P(Y=b)P(Z=c)$ が成り立つから，X, Y, Z は互いに独立である。

ここで $E(X)=1\cdot\frac{1}{6}+2\cdot\frac{1}{6}+3\cdot\frac{1}{6}+4\cdot\frac{1}{6}+5\cdot\frac{1}{6}+6\cdot\frac{1}{6}=\frac{7}{2}$

また，Y, Z の期待値も，X の期待値と同じ値である。
したがって，XYZ の期待値は

$$E(XYZ)=E(X)E(Y)E(Z)=\{E(X)\}^3=\left(\frac{7}{2}\right)^3=\frac{343}{8} \quad 答$$

D 独立な確率変数の和の分散

練習 15

教 p.73

確率変数 X の期待値が -3 で分散が 5，確率変数 Y の期待値が 2 で分散が 4 であり，X と Y が互いに独立であるとする。このとき，確率変数 $X+Y$ の期待値，分散と標準偏差を求めよ。

指針 **確率変数の和の期待値，分散，標準偏差** 2つの確率変数 X, Y とその和 $X+Y$ について，次の関係式が成り立つ。

期待値 $E(X+Y)=E(X)+E(Y)$
分散 X と Y が互いに独立のとき
$V(X+Y)=V(X)+V(Y)$

解答 $E(X)=-3$, $V(X)=5$, $E(Y)=2$, $V(Y)=4$
$X+Y$ の期待値は

$$E(X+Y)=E(X)+E(Y)=-3+2=-1$$

X と Y は互いに独立であるから，$X+Y$ の分散，標準偏差は

$$V(X+Y)=V(X)+V(Y)=5+4=9$$
$$\sigma(X+Y)=\sqrt{V(X+Y)}=\sqrt{9}=3$$

答 **期待値 −1, 分散 9, 標準偏差 3**

教 p.74

練習 16

教科書 73 ページの練習 15 の確率変数 X と Y について，$2X-Y$ の分散，標準偏差を求めよ。

指針 **$aX+bY$ の分散** X，Y は確率変数で，a，b が定数のとき，X と Y が互いに独立であれば $V(aX+bY)=a^2V(X)+b^2V(Y)$ が成り立つ。本問は $a=2$，$b=-1$ の場合である。

解答 練習 15 の確率変数 X，Y において $V(X)=5$, $V(Y)=4$
X と Y は互いに独立であるから，$2X-Y$ の分散，標準偏差は
$$V(2X-Y)=2^2V(X)+(-1)^2V(Y)$$
$$=2^2\cdot5+(-1)^2\cdot4=24$$
$$\sigma(2X-Y)=\sqrt{V(2X-Y)}=\sqrt{24}=2\sqrt{6}$$

答 **分散 24, 標準偏差 $2\sqrt{6}$**

教 p.74

練習 17

3 個のさいころを同時に投げるとき，それぞれのさいころの出る目を X，Y，Z とする。出る目の和 $X+Y+Z$ の分散を求めよ。

指針 **3つの確率変数の和の分散** まず $V(X)$ を求める。$V(Y)$，$V(Z)$ も同じ値である。次に X，Y，Z が互いに独立であることを確認した上で，$V(X+Y+Z)=V(X)+V(Y)+V(Z)$ の関係を利用する。

解答 $$E(X)=1\cdot\frac{1}{6}+2\cdot\frac{1}{6}+3\cdot\frac{1}{6}+4\cdot\frac{1}{6}+5\cdot\frac{1}{6}+6\cdot\frac{1}{6}=\frac{7}{2}$$
$$E(X^2)=1^2\cdot\frac{1}{6}+2^2\cdot\frac{1}{6}+3^2\cdot\frac{1}{6}+4^2\cdot\frac{1}{6}+5^2\cdot\frac{1}{6}+6^2\cdot\frac{1}{6}=\frac{91}{6}$$
よって $$V(X)=E(X^2)-\{E(X)\}^2=\frac{91}{6}-\left(\frac{7}{2}\right)^2=\frac{35}{12}$$
また，Y，Z は X と同じ確率分布に従うから $V(X)=V(Y)=V(Z)$
ここで，X，Y，Z がとる任意の値をそれぞれ a，b，c とすると
$$P(X=a,\ Y=b,\ Z=c)=P(X=a)P(Y=b)P(Z=c)=\frac{1}{6^3}$$
が成り立つから，X，Y，Z は互いに独立である。
したがって，$X+Y+Z$ の分散は
$$V(X+Y+Z)=V(X)+V(Y)+V(Z)=\frac{35}{12}+\frac{35}{12}+\frac{35}{12}=\frac{35}{4}$$ 答

6 二項分布

まとめ

1 二項分布

① 1回の試行で事象 A の起こる確率が p であるとき,この試行を n 回行う反復試行において, A が r 回起こる確率は

$$_nC_rp^rq^{n-r} \qquad ただし \quad q=1-p$$

このような反復試行において, A の起こる回数を X とすると,確率変数 X の確率分布は次のようになる。

X	0	1	……	r	……	n	計
P	$_nC_0q^n$	$_nC_1pq^{n-1}$	……	$_nC_rp^rq^{n-r}$	……	$_nC_np^n$	1

この確率分布を **二項分布** といい, $B(n,\ p)$ で表す。ただし $0<p<1$, $q=1-p$ とする。

注意 $B(n,\ p)$ の B は,二項分布を意味する英語 binomial distribution の頭文字である。

2 二項分布の平均と分散

① **二項分布の平均,分散,標準偏差**

確率変数 X が二項分布 $B(n,\ p)$ に従うとき, $q=1-p$ とすると

$$E(X)=np, \quad V(X)=npq, \quad \sigma(X)=\sqrt{npq}$$

A 二項分布　　**B** 二項分布の平均と分散

教 p.77

練習 18

次の二項分布の平均,分散と標準偏差を求めよ。

(1) $B\left(12,\ \dfrac{1}{4}\right)$　　(2) $B\left(9,\ \dfrac{1}{2}\right)$　　(3) $B\left(8,\ \dfrac{2}{3}\right)$

指針 **二項分布の平均,分散,標準偏差** X が二項分布 $B(n,\ p)$ に従うとき

$$E(X)=np, \qquad V(X)=np(1-p), \qquad \sigma(X)=\sqrt{np(1-p)}$$

また, $\sigma(X)=\sqrt{V(X)}$ の関係も忘れないように。

解答 (1) **平均は** $12\cdot\dfrac{1}{4}=3$ **分散は** $12\cdot\dfrac{1}{4}\left(1-\dfrac{1}{4}\right)=\dfrac{9}{4}$

標準偏差は $\sqrt{\dfrac{9}{4}}=\dfrac{3}{2}$ **答**

(2) **平均は** $9\cdot\dfrac{1}{2}=\dfrac{9}{2}$ **分散は** $9\cdot\dfrac{1}{2}\left(1-\dfrac{1}{2}\right)=\dfrac{9}{4}$

標準偏差は $\sqrt{\dfrac{9}{4}}=\dfrac{3}{2}$ **答**

(3) 平均は $8 \cdot \dfrac{2}{3} = \dfrac{16}{3}$　分散は　$8 \cdot \dfrac{2}{3}\left(1 - \dfrac{2}{3}\right) = \dfrac{16}{9}$

標準偏差は　$\sqrt{\dfrac{16}{9}} = \dfrac{4}{3}$　答

教 p.77

練習 19

次の確率変数 X は二項分布に従う。その分布を $B(n,\ p)$ の形に表せ。また，X の期待値，標準偏差を求めよ。

(1) 1 枚の硬貨を 10 回投げるとき，表が出る回数 X

(2) 不良率 3 % の製品の山から 50 個取り出したときの不良品の個数 X

指針 **二項分布と期待値，標準偏差**　二項分布 $B(n,\ p)$ は，1 回の試行で A の起こる確率が p である試行を n 回繰り返したとき，A の起こる回数 X についての確率分布である。(1)，(2) について，それぞれ n，p を求め，$E(X) = np$，$\sigma(X) = \sqrt{np(1-p)}$ にあてはめて求める。

解答 (1)　硬貨を 1 回投げたときに表が出る確率は　$\dfrac{1}{2}$

よって，X は二項分布 $B\left(10,\ \dfrac{1}{2}\right)$ に従うから

$$E(X) = 10 \cdot \dfrac{1}{2} = 5 \qquad \sigma(X) = \sqrt{10 \cdot \dfrac{1}{2}\left(1 - \dfrac{1}{2}\right)} = \dfrac{\sqrt{10}}{2}$$

答　$B\left(10,\ \dfrac{1}{2}\right)$，期待値 5，標準偏差 $\dfrac{\sqrt{10}}{2}$

(2)　製品の山から 1 個取り出すことを 50 回繰り返すと考えてよい。このとき，製品の数は 50 個よりもずっと多いとみなすと，1 個取り出したときにその製品が不良品である確率は常に 3 %，すなわち $\dfrac{3}{100}$ であるとしてよい。

よって，X は二項分布 $B\left(50,\ \dfrac{3}{100}\right)$ に従うから

$$E(X) = 50 \cdot \dfrac{3}{100} = \dfrac{3}{2} \qquad \sigma(X) = \sqrt{50 \cdot \dfrac{3}{100}\left(1 - \dfrac{3}{100}\right)} = \dfrac{\sqrt{582}}{20}$$

答　$B\left(50,\ \dfrac{3}{100}\right)$，期待値 $\dfrac{3}{2}$，標準偏差 $\dfrac{\sqrt{582}}{20}$

7 正規分布

1 連続型確率変数とその分布

① 連続的な値をとる確率変数 X の確率分布を考える場合には，X に1つの曲線を対応させ，$a \leqq X \leqq b$ となる確率が図の斜線を施した部分の面積で表されるようにする。このような曲線を X の **分布曲線** という。

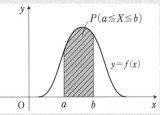

② 横軸を x 軸に，縦軸を y 軸にとるとき，X の分布曲線の方程式を $y=f(x)$ とすると，関数 $f(x)$ は次の性質をもつ。

[1] 常に $f(x) \geqq 0$

[2] 確率 $P(a \leqq X \leqq b)$ は，$y=f(x)$ のグラフと x 軸，および2直線 $x=a$，$x=b$ で囲まれた部分の面積に等しい。すなわち

$$P(a \leqq X \leqq b) = \int_a^b f(x)dx$$

[3] X のとる値の範囲が $\alpha \leqq X \leqq \beta$ のとき $\int_\alpha^\beta f(x)dx = 1$

注意 $f(x)$ の定義域は，実数全体のことも，その一部分のこともある。

③ 連続的な値をとる確率変数を **連続型確率変数** といい，$f(x)$ を X の **確率密度関数** という。これに対し，今まで扱ってきたような，とびとびの値をとる確率変数を **離散型確率変数** という。

注意 ここでは，特に断りがない場合，確率変数 X は連続型であるとする。

④ 確率変数 X のとる値の範囲が $\alpha \leqq X \leqq \beta$ で，その確率密度関数が $f(x)$ のとき，X の期待値 $E(X)$ と分散 $V(X)$ は，$E(X)=m$ とすると，次のように定義される。

連続型確率変数の期待値と分散

$$E(X) = \int_\alpha^\beta x f(x)dx, \quad V(X) = \int_\alpha^\beta (x-m)^2 f(x)dx$$

また，X の標準偏差 $\sigma(X)$ を $\sqrt{V(X)}$ で定める。

2 正規分布

① m を実数，σ を正の実数とする。

$$f(x) = \frac{1}{\sqrt{2\pi}\,\sigma} e^{-\frac{(x-m)^2}{2\sigma^2}}$$

とおくとき，$f(x)$ は連続型確率変数 X の確率密度関数となることが知られている。このとき，

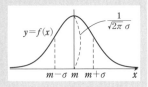

X は **正規分布 $N(m, \sigma^2)$ に従う**といい，曲線 $y=f(x)$ を **正規分布曲線** という。ここで，e は無理数で，その値は $e=2.71828\cdots$ である。

② **正規分布の期待値，標準偏差**

X が正規分布 $N(m, \sigma^2)$ に従う確率変数であるとき

$$期待値 \ E(X)=m, \qquad 標準偏差 \ \sigma(X)=\sigma$$

この m，σ を，それぞれ正規分布 $N(m, \sigma^2)$ の平均，標準偏差という。

正規分布曲線は，次の性質をもつ。

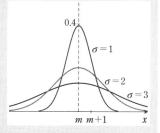

[1] 直線 $x=m$ に関して対称であり，$f(x)$ の値は $x=m$ で最大となる。

[2] x 軸を漸近線とする。

[3] 標準偏差 σ が大きくなると，曲線の山が低くなって横に広がり，σ が小さくなると，曲線の山は高くなって対称軸 $x=m$ の周りに集まる。

3 標準正規分布

① 平均 0，標準偏差 1 の正規分布 $N(0, 1)$ を **標準正規分布** という。

② 確率変数 X が正規分布 $N(m, \sigma^2)$ に従うとき，X を 1 次式で変換してできる確率変数 $aX+b$ は正規分布 $N(am+b, a^2\sigma^2)$ に従う。

③ **標準正規分布**

確率変数 X が正規分布 $N(m, \sigma^2)$ に従うとき，$Z=\dfrac{X-m}{\sigma}$ とおくと，確率変数 Z は標準正規分布 $N(0, 1)$ に従い，Z の確率密度関数は，

$$f(z)=\frac{1}{\sqrt{2\pi}}e^{-\frac{z^2}{2}}$$

となる。

④ 標準正規分布 $N(0, 1)$ に従う確率変数 Z に対し，確率 $P(0 \le Z \le u)$ を $p(u)$ で表すとき，いろいろな u の値に対する $p(u)$ の値を表にまとめたものが，教科書 160 ページの正規分布表である。また，次の等式が成り立つ。

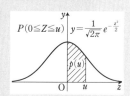

$$P(-u \le Z \le 0)=P(0 \le Z \le u)=p(u)$$
$$P(Z \le 0)=P(Z \ge 0)=0.5$$

4 二項分布の正規分布による近似

① **二項分布の正規分布による近似**

二項分布 $B(n, p)$ に従う確率変数 X は，n が大きいとき，近似的に正規分布 $N(np, npq)$ に従う。ただし，$q=1-p$ である。

A 連続型確率変数とその分布

教 p.80

練習 20

確率変数 X の確率密度関数 $f(x)$ が次の式で表されるとき，指定されたそれぞれの確率を求めよ。

(1) $f(x)=0.2$ $(0\leqq x\leqq 5)$ $\qquad P(0\leqq X\leqq 1)$, $P(1\leqq X\leqq 3)$

(2) $f(x)=\dfrac{1}{2}x$ $(0\leqq x\leqq 2)$ $\qquad P(0\leqq X\leqq 1)$, $P(1\leqq X\leqq 2)$

指針 **連続型確率変数の確率** 確率変数 X の分布曲線が曲線 $y=f(x)$ で与えられたとき，$P(a\leqq X\leqq b)$ は，曲線 $y=f(x)$ と x 軸，2 直線 $x=a$, $x=b$ で囲まれた部分の面積として定義される。それぞれについて，あてはまる部分の面積を計算する。

解答 (1) 図により

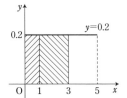

$$P(0\leqq X\leqq 1)=0.2(1-0)$$
$$=0.2 \quad 答$$
$$P(1\leqq X\leqq 3)=0.2(3-1)$$
$$=0.4 \quad 答$$

(2) 図により

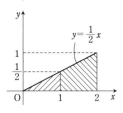

$$P(0\leqq X\leqq 1)=\frac{1}{2}\cdot 1\cdot\frac{1}{2}$$
$$=\frac{1}{4} \quad 答$$
$$P(1\leqq X\leqq 2)=\frac{1}{2}\left(\frac{1}{2}+1\right)(2-1)$$
$$=\frac{3}{4} \quad 答$$

別解 $P(a\leqq X\leqq b)=\displaystyle\int_a^b f(x)dx$ で計算してもよい。

例えば，(2) は

$$P(0\leqq X\leqq 1)=\int_0^1\frac{1}{2}x\,dx=\left[\frac{x^2}{4}\right]_0^1$$
$$=\frac{1}{4} \quad 答$$
$$P(1\leqq X\leqq 2)=\int_1^2\frac{1}{2}x\,dx=\left[\frac{x^2}{4}\right]_1^2$$
$$=\frac{2^2}{4}-\frac{1^2}{4}=\frac{3}{4} \quad 答$$

教 p.80

問4 教科書の例 9 の確率変数 X の期待値，分散，標準偏差を求めよ。

2章

統計的な推測

指針 **期待値，分散，標準偏差** それぞれの定義にもとづいて，

$$E(X)=\int_\alpha^\beta xf(x)dx, \qquad V(X)=\int_\alpha^\beta (x-m)^2 f(x)dx, \qquad \sigma(X)=\sqrt{V(X)}$$

を計算する。

解答 $f(x)=2x$，X のとる値の範囲は $\qquad 0\leq X\leq 1$

$$E(X)=\int_0^1 x\cdot 2x\,dx=\left[\frac{2}{3}x^3\right]_0^1=\frac{2}{3}$$

$$V(X)=\int_0^1 \left(x-\frac{2}{3}\right)^2\cdot 2x\,dx=\int_0^1 \left(2x^3-\frac{8}{3}x^2+\frac{8}{9}x\right)dx$$

$$=\left[\frac{x^4}{2}-\frac{8}{9}x^3+\frac{4}{9}x^2\right]_0^1$$

$$=\frac{1}{2}-\frac{8}{9}+\frac{4}{9}=\frac{1}{18}$$

$$\sigma(X)=\sqrt{V(X)}=\sqrt{\frac{1}{18}}=\frac{\sqrt{2}}{6}$$

答 期待値 $\dfrac{2}{3}$，分散 $\dfrac{1}{18}$，標準偏差 $\dfrac{\sqrt{2}}{6}$

教 p.80

練習 21 教科書の練習 20 (1)，(2) の確率変数 X の期待値，分散，標準偏差を，それぞれ求めよ。

指針 **連続型確率変数の期待値，分散，標準偏差** (1)，(2) のそれぞれについて，

$$E(X)=\int_\alpha^\beta xf(x)dx, \quad V(X)=\int_\alpha^\beta (x-m)^2 f(x)dx \text{ などを計算する。}$$

解答 (1) $f(x)=0.2$，X のとる値の範囲は $\qquad 0\leq X\leq 5$

$$E(X)=\int_0^5 x\cdot 0.2\,dx=\frac{1}{5}\left[\frac{x^2}{2}\right]_0^5=\frac{1}{5}\cdot\frac{5^2}{2}=\frac{5}{2}$$

$$V(X)=\int_0^5 \left(x-\frac{5}{2}\right)^2\cdot 0.2\,dx=\frac{1}{5}\int_0^5 \left(x^2-5x+\frac{25}{4}\right)dx$$

$$=\frac{1}{5}\left[\frac{1}{3}x^3-\frac{5}{2}x^2+\frac{25}{4}x\right]_0^5=\frac{1}{5}\cdot 5^3\left(\frac{1}{3}-\frac{1}{2}+\frac{1}{4}\right)=\frac{25}{12}$$

$$\sigma(X)=\sqrt{V(X)}=\sqrt{\frac{25}{12}}=\frac{5\sqrt{3}}{6}$$

答 期待値 $\dfrac{5}{2}$，分散 $\dfrac{25}{12}$，標準偏差 $\dfrac{5\sqrt{3}}{6}$

(2) $f(x)=\dfrac{1}{2}x$, X のとる値の範囲は $\quad 0\leqq X\leqq 2$

$$E(X)=\int_0^2 x\cdot\dfrac{1}{2}x\,dx=\dfrac{1}{2}\Big[\dfrac{x^3}{3}\Big]_0^2$$
$$=\dfrac{1}{2}\cdot\dfrac{2^3}{3}=\dfrac{4}{3}$$
$$V(X)=\int_0^2\Big(x-\dfrac{4}{3}\Big)^2\cdot\dfrac{1}{2}x\,dx=\dfrac{1}{2}\int_0^2\Big(x^3-\dfrac{8}{3}x^2+\dfrac{16}{9}x\Big)dx$$
$$=\dfrac{1}{2}\Big[\dfrac{x^4}{4}-\dfrac{8}{9}x^3+\dfrac{8}{9}x^2\Big]_0^2$$
$$=\dfrac{1}{2}\Big(\dfrac{16}{4}-\dfrac{64}{9}+\dfrac{32}{9}\Big)=\dfrac{2}{9}$$
$$\sigma(X)=\sqrt{V(X)}=\sqrt{\dfrac{2}{9}}=\dfrac{\sqrt{2}}{3}$$

答 期待値 $\dfrac{4}{3}$, 分散 $\dfrac{2}{9}$, 標準偏差 $\dfrac{\sqrt{2}}{3}$

B 正規分布

教 p.81

深める

教科書 81 ページの関数 ① について, 等式 $f(m-a)=f(m+a)$ が成り立つことを確かめよう。
この等式は, 正規分布曲線のどのような性質を表しているだろうか。

指針 **正規分布曲線の性質** 関数 ① の x に $m-a$, $m+a$ を代入して, 等式が成り立つことを確かめる。

解答 $x=m-a$ のとき $(x-m)^2=(-a)^2=a^2$
$x=m+a$ のとき $(x-m)^2=a^2$
よって, 関数 ① について
$$f(m-a)=f(m+a)$$
この等式は, 関数 ① のグラフ（正規分布曲線）が直線 $x=m$ に対して対称であることを表している。 終

C 標準正規分布

教 p.83

練習 22

確率変数 Z が $N(0,\ 1)$ に従うとき, 次の確率を求めよ。
(1) $P(Z\leqq 1)$ (2) $P(Z\geqq 0.5)$ (3) $P(-2\leqq Z\leqq -1)$
(4) $P(|Z|\leqq 1)$ (5) $P(|Z|\leqq 2)$ (6) $P(|Z|\leqq 3)$

指針 **標準正規分布と正規分布表** 標準正規分布 $N(0, 1)$ に従う確率変数 Z に対して，確率 $P(0 \le Z \le u)$ を $p(u)$ で表すとき，いろいろな u の値に対する $p(u)$ の値を表にまとめたものが，教科書の正規分布表である。また，次の等式が成り立つ。

$$P(-u \le Z \le 0) = P(0 \le Z \le u) = p(u)$$
$$P(Z \le 0) = P(Z \ge 0) = 0.5$$

解答 (1) $P(Z \le 1)$

$= P(Z \le 0) + P(0 \le Z \le 1)$

$= 0.5 + p(1)$

$= 0.5 + 0.3413$

$= \mathbf{0.8413}$ 答

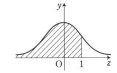

(2) $P(Z \ge 0.5)$

$= P(Z \ge 0) - P(0 \le Z \le 0.5)$

$= 0.5 - p(0.5)$

$= 0.5 - 0.1915 = \mathbf{0.3085}$ 答

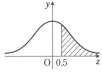

(3) $P(-2 \le Z \le -1)$

$= P(-2 \le Z \le 0) - P(-1 \le Z \le 0)$

$= P(0 \le Z \le 2) - P(0 \le Z \le 1)$

$= p(2) - p(1)$

$= 0.4772 - 0.3413 = \mathbf{0.1359}$ 答

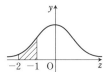

(4) $P(|Z| \le 1) = P(-1 \le Z \le 1)$

$= P(-1 \le Z \le 0) + P(0 \le Z \le 1)$

$= P(0 \le Z \le 1) + P(0 \le Z \le 1)$

$= 2p(1) = 2 \times 0.3413 = \mathbf{0.6826}$ 答

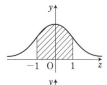

(5) $P(|Z| \le 2) = P(-2 \le Z \le 2)$

$= P(-2 \le Z \le 0) + P(0 \le Z \le 2)$

$= P(0 \le Z \le 2) + P(0 \le Z \le 2)$

$= 2p(2) = 2 \times 0.4772 = \mathbf{0.9544}$ 答

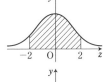

(6) $P(|Z| \le 3) = P(-3 \le Z \le 3)$

$= P(-3 \le Z \le 0) + P(0 \le Z \le 3)$

$= P(0 \le Z \le 3) + P(0 \le Z \le 3)$

$= 2p(3) = 2 \times 0.49865 = \mathbf{0.9973}$ 答

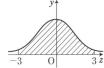

練習
23

確率変数 X が正規分布 $N(2, 5^2)$ に従うとき，次の確率を求めよ。

(1) $P(-8 \leq X \leq 12)$ (2) $P(X \leq 4)$ (3) $P(0 \leq X \leq 5)$

指針 **正規分布と標準正規分布** X が正規分布 $N(2, 5^2)$ に従うとき，$Z = \dfrac{X-2}{5}$

は標準正規分布 $N(0, 1)$ に従う。

解答 X が $N(2, 5^2)$ に従うとき，$Z = \dfrac{X-2}{5}$ は $N(0, 1)$ に従う。

(1) $\begin{aligned}P(-8 \leq X \leq 12) &= P\left(\dfrac{-8-2}{5} \leq Z \leq \dfrac{12-2}{5}\right)\\ &= P(-2 \leq Z \leq 2)\\ &= 2P(0 \leq Z \leq 2)\\ &= 2p(2)\\ &= 2 \times 0.4772 = \mathbf{0.9544} \quad 答\end{aligned}$

(2) $\begin{aligned}P(X \leq 4) &= P\left(Z \leq \dfrac{4-2}{5}\right)\\ &= P(Z \leq 0.4)\\ &= P(Z \leq 0) + P(0 \leq Z \leq 0.4)\\ &= 0.5 + p(0.4)\\ &= 0.5 + 0.1554 = \mathbf{0.6554} \quad 答\end{aligned}$

(3) $\begin{aligned}P(0 \leq X \leq 5) &= P\left(\dfrac{0-2}{5} \leq Z \leq \dfrac{5-2}{5}\right)\\ &= P(-0.4 \leq Z \leq 0.6)\\ &= P(-0.4 \leq Z \leq 0) + P(0 \leq Z \leq 0.6)\\ &= P(0 \leq Z \leq 0.4) + P(0 \leq Z \leq 0.6)\\ &= p(0.4) + p(0.6)\\ &= 0.1554 + 0.2257 = \mathbf{0.3811} \quad 答\end{aligned}$

深める

教科書の例題 6 で求めた確率は，教科書 83 ページの ① の
$P(m-\sigma \leq X \leq m+\sigma) \fallingdotseq 0.683$ の場合である。他の 2 つの式について，正規分布表を利用して確かめてみよう。

指針 **一般の正規分布と標準正規分布** $m=4$, $\sigma=5$ であるから

$P(m-2\sigma \leq X \leq m+2\sigma) = P(-6 \leq X \leq 14)$

$P(m-3\sigma \leq X \leq m+3\sigma) = P(-11 \leq X \leq 19)$

解答 例題 6 の確率変数 X について $\quad m=4,\ \sigma=5$

$$\begin{aligned}P(m-2\sigma\leqq X\leqq m+2\sigma)&=P(-6\leqq X\leqq14)\\&=P(-2\leqq Z\leqq2)\\&=2P(0\leqq Z\leqq2)=2p(2)\\&=2\cdot0.4772=0.9544\fallingdotseq0.954\end{aligned}$$

$$\begin{aligned}P(m-3\sigma\leqq X\leqq m+3\sigma)&=P(-11\leqq X\leqq19)\\&=P(-3\leqq Z\leqq3)\\&=2P(0\leqq Z\leqq3)=2p(3)\\&=2\cdot0.49865=0.9973\fallingdotseq0.997\quad終\end{aligned}$$

D 正規分布の応用

問5 教科書の応用例題 1 について，次の問いに答えよ。

(1) $P(Z\geqq u)=0.2$ となる u の値を求めよ。

(2) 身長の高い方から 20 % の中に入るのは，何 cm 以上の生徒か。最も小さい整数値で答えよ。

指針 **正規分布の応用**

(1) $P(Z\geqq u)=P(Z\geqq0)-P(0\leqq Z\leqq u)$ 正規分布表から求める。

(2) 20 % であるから，(1) の結果が利用できる。すなわち $P(Z\geqq0.84)=0.2$ で，平均が 170.6 cm，標準偏差が 5 cm から

$$\frac{X-170.6}{5}\geqq0.84$$

解答 (1) $P(Z\geqq u)=P(Z\geqq0)-P(0\leqq Z\leqq u)=0.5-p(u)$

$0.5-p(u)=0.2$ から $\quad p(u)=0.3$

正規分布表から

$\quad p(0.84)=0.2995,\ p(0.85)=0.3023$

よって $\quad \boldsymbol{u\fallingdotseq0.84}$ 答

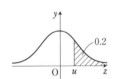

(2) (1) から $\quad P(Z\geqq0.84)=0.2$

よって $\quad \dfrac{X-170.6}{5}\geqq0.84$

これから $\quad X\geqq0.84\times5+170.6=174.8$

よって，**175 cm 以上** の生徒である。 答

教科書 p.84

練習 24

教 p.84

ある県における高校2年生の女子の身長が，平均157.8 cm，標準偏差5.4 cmの正規分布に従うものとする。

(1) 身長が165 cm以上の生徒は，約何%いるか。

(2) 身長が154 cm以上160 cm以下の生徒は，約何%いるか。

(3) 身長の低い方から4%の中に入るのは，何cm以下の生徒か。最も大きい整数値で答えよ。

指針 **正規分布と身長** 身長 X cm に対して，$Z=\dfrac{X-157.8}{5.4}$ とおくと，Z は標準正規分布 $N(0,\ 1)$ に従うと考えられる。

(1) $P(X\geqq165)$ の値を求める。

(2) $P(154\leqq X\leqq160)$ の値を求める。

(3) $P(Z\leqq-u)=0.04\ (u>0)$ となる u の値を求める。

(1)〜(3)とも，X を Z に変換し，正規分布表を利用して調べる。

解答 この県の高校2年生の女子の身長を X cm とする。

X は正規分布 $N(157.8,\ 5.4^2)$ に従うから，$Z=\dfrac{X-157.8}{5.4}$ は標準正規分布 $N(0,\ 1)$ に従う。

(1) $X=165$ のとき，$Z\fallingdotseq1.33$ であるから
$$P(X\geqq165)\fallingdotseq P(Z\geqq1.33)=P(Z\geqq0)-P(0\leqq Z\leqq1.33)$$
$$=0.5-p(1.33)$$
$$=0.5-0.4082=0.0918$$

したがって **約9%** 答

(2) $X=154$ のとき，$Z\fallingdotseq-0.70$，$X=160$ のとき $Z\fallingdotseq0.41$

よって $P(154\leqq X\leqq160)\fallingdotseq P(-0.70\leqq Z\leqq0.41)$
$$=p(0.70)+p(0.41)$$
$$=0.2580+0.1591=0.4171$$

したがって **約42%** 答

(3) まず，$P(Z\leqq-u)=0.04\ (u>0)$ となる u の値を求める。
$$P(Z\leqq-u)=0.5-P(-u\leqq Z\leqq0)=0.5-p(u)$$

よって $0.5-p(u)=0.04$ であるから $p(u)=0.46$

正規分布表により $u\fallingdotseq1.75$

ゆえに $\dfrac{X-157.8}{5.4}\leqq-1.75$

これを解いて $X\leqq148.35$

したがって，**148 cm以下** の生徒である。 答

E 二項分布の正規分布による近似

練習 25

1枚の硬貨を 400 回投げるとき，表の出る回数が 180 以上 200 以下である確率を求めよ。

指針 **二項分布の正規分布による近似** 表の出る回数 X は，二項分布 $B\left(400, \dfrac{1}{2}\right)$ に従う。ここで，$m = 400 \cdot \dfrac{1}{2}$，$\sigma^2 = 400 \cdot \dfrac{1}{2} \cdot \dfrac{1}{2}$ とおくと，X は近似的に正規分布 $N(m, \sigma^2)$ に従い，$Z = \dfrac{X-m}{\sigma}$ とおくと，Z は標準正規分布 $N(0, 1)$ に従う。これを利用して，$P(180 \leqq X \leqq 200)$ を求める。

解答 1枚の硬貨を 400 回投げるとき，表の出る回数を X とする。

1枚の硬貨を 1 回投げて表が出る確率は $\dfrac{1}{2}$ であるから，X は二項分布 $B\left(400, \dfrac{1}{2}\right)$ に従い，その期待値 m と標準偏差 σ は

$$m = 400 \cdot \frac{1}{2} = 200, \qquad \sigma = \sqrt{400 \cdot \frac{1}{2} \cdot \frac{1}{2}} = \sqrt{100} = 10$$

よって，$Z = \dfrac{X-200}{10}$ は近似的に標準正規分布 $N(0, 1)$ に従う。

ゆえに，求める確率 $P(180 \leqq X \leqq 200)$ は

$$\begin{aligned}
P(180 \leqq X \leqq 200) &= P\left(\frac{180-200}{10} \leqq Z \leqq \frac{200-200}{10}\right) \\
&= P(-2 \leqq Z \leqq 0) \\
&= P(0 \leqq Z \leqq 2) \\
&= p(2) = \mathbf{0.4772} \quad \boxed{答}
\end{aligned}$$

第2章 第1節　問　題

教 p.87

1 さいころを2回投げて，出る目の差の絶対値をXとする。Xの期待値と分散を求めよ。

指針 **確率変数の期待値，分散**　まず，Xの確率分布を求める。次に，この確率分布をもとにして，$E(X)$と$V(X)$を計算する。
$V(X)$は，$V(X)=E(X^2)-\{E(X)\}^2$の式を利用して求める。

解答 さいころを2回投げたときの目の出方は
$$6\times6=36\text{（通り）}$$
また，Xのとりうる値は0，1，2，3，4，5で，それぞれの値をとる目の組合せは右のようになるから，Xの確率分布は次のようになる。

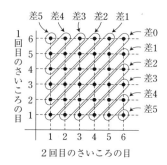

X	0	1	2	3	4	5	計
P	$\dfrac{3}{18}$	$\dfrac{5}{18}$	$\dfrac{4}{18}$	$\dfrac{3}{18}$	$\dfrac{2}{18}$	$\dfrac{1}{18}$	1

よって，Xの期待値は
$$E(X)=0\cdot\frac{3}{18}+1\cdot\frac{5}{18}+2\cdot\frac{4}{18}+3\cdot\frac{3}{18}+4\cdot\frac{2}{18}+5\cdot\frac{1}{18}=\frac{35}{18}$$
また　$E(X^2)=0^2\cdot\frac{3}{18}+1^2\cdot\frac{5}{18}+2^2\cdot\frac{4}{18}+3^2\cdot\frac{3}{18}+4^2\cdot\frac{2}{18}+5^2\cdot\frac{1}{18}$
$$=\frac{105}{18}=\frac{35}{6}$$
Xの分散は
$$V(X)=E(X^2)-\{E(X)\}^2=\frac{35}{6}-\left(\frac{35}{18}\right)^2=\frac{665}{324}$$

答　**期待値** $\dfrac{35}{18}$，**分散** $\dfrac{665}{324}$

教 p.87

2 黒玉2個と白玉3個が入っている袋Aと，黒玉4個と白玉1個が入っている袋Bから，2個ずつ玉を取り出す。袋A，Bから取り出された黒玉の個数をそれぞれX，Yとするとき，確率変数$X+Y$の期待値と分散を求めよ。

指針 **確率変数の和の期待値，分散**　2つの確率変数 X，Y と，その和 $X+Y$ について，次の関係式が成り立つ。

期待値　$E(X+Y)=E(X)+E(Y)$

分散　　X と Y が互いに独立のとき
$$V(X+Y)=V(X)+V(Y)$$

解答　X のとりうる値は　　0，1，2

$$P(X=0)=\frac{{}_2C_0\times{}_3C_2}{{}_5C_2}=\frac{3}{10}, \quad P(X=1)=\frac{{}_2C_1\times{}_3C_1}{{}_5C_2}=\frac{6}{10}$$

$$P(X=2)=\frac{{}_2C_2\times{}_3C_0}{{}_5C_2}=\frac{1}{10}$$

Y のとりうる値は　　1，2

$$P(Y=1)=\frac{{}_4C_1\times{}_1C_1}{{}_5C_2}=\frac{4}{10}, \quad P(Y=2)=\frac{{}_4C_2\times{}_1C_0}{{}_5C_2}=\frac{6}{10}$$

X，Y の確率分布は下の表のようになる。

X	0	1	2	計
P	$\frac{3}{10}$	$\frac{6}{10}$	$\frac{1}{10}$	1

Y	1	2	計
P	$\frac{4}{10}$	$\frac{6}{10}$	1

よって

$$E(X)=0\cdot\frac{3}{10}+1\cdot\frac{6}{10}+2\cdot\frac{1}{10}=\frac{8}{10}=\frac{4}{5}$$

$$E(Y)=1\cdot\frac{4}{10}+2\cdot\frac{6}{10}=\frac{16}{10}=\frac{8}{5}$$

したがって　　$E(X+Y)=E(X)+E(Y)=\frac{4}{5}+\frac{8}{5}=\frac{12}{5}$

また　　　$E(X^2)=0^2\cdot\frac{3}{10}+1^2\cdot\frac{6}{10}+2^2\cdot\frac{1}{10}=\frac{10}{10}=1$

$$E(Y^2)=1^2\cdot\frac{4}{10}+2^2\cdot\frac{6}{10}=\frac{28}{10}=\frac{14}{5}$$

よって　　$V(X)=E(X^2)-\{E(X)\}^2=1-\left(\frac{4}{5}\right)^2=\frac{9}{25}$

$$V(Y)=E(Y^2)-\{E(Y)\}^2=\frac{14}{5}-\left(\frac{8}{5}\right)^2=\frac{6}{25}$$

X と Y は互いに独立であるから

$$V(X+Y)=V(X)+V(Y)=\frac{9}{25}+\frac{6}{25}=\frac{15}{25}=\frac{3}{5}$$

答　**期待値 $\dfrac{12}{5}$，分散 $\dfrac{3}{5}$**

教 p.87

3 確率変数 X が二項分布 $B\left(100, \dfrac{1}{5}\right)$ に従うとき，次の各場合に確率変数 Y の期待値と分散を求めよ。

(1) $Y=3X-2$　　　(2) $Y=-X$　　　(3) $Y=\dfrac{X-20}{4}$

指針 二項分布と確率変数の変換　　二項分布 $B(n,\ p)$ に従う確率変数の期待値と分散は，$E(X)=np,\ V(X)=npq(q=1-p)$ で求められる。また，$Y=aX+b$ のとき，$E(Y)=aE(X)+b,\ V(Y)=a^2V(X)$ が成り立つから，これより Y の期待値と分散が求められる。

解答　確率変数 X は二項分布 $B\left(100,\ \dfrac{1}{5}\right)$ に従うから

$$E(X)=100\cdot\frac{1}{5}=20,\qquad V(X)=100\cdot\frac{1}{5}\cdot\frac{4}{5}=16$$

(1) $E(Y)=E(3X-2)=3E(X)-2=3\cdot20-2=58$
　$V(Y)=V(3X-2)=3^2V(X)=9\cdot16=144$

答　**期待値 58，分散 144**

(2) $E(Y)=E(-X)=-E(X)=-20$
　$V(Y)=V(-X)=(-1)^2V(X)=1\cdot16=16$

答　**期待値 -20，分散 16**

(3) $Y=\dfrac{X-20}{4}=\dfrac{1}{4}X-5$ であるから

$$E(Y)=E\left(\frac{1}{4}X-5\right)=\frac{1}{4}E(X)-5=\frac{1}{4}\cdot20-5=0$$

$$V(Y)=V\left(\frac{1}{4}X-5\right)=\left(\frac{1}{4}\right)^2V(X)=\frac{1}{16}\cdot16=1$$

答　**期待値 0，分散 1**

教 p.87

4 確率変数 X のとる値の範囲が $0\leqq X\leqq2$ で，その確率密度関数 $f(x)$ が次の式で与えられるものとする。

$$f(x)=\begin{cases}ax & (0\leqq x\leqq1)\\ a(2-x) & (1\leqq x\leqq2)\end{cases}$$

(1) 定数 a の値を求め，X の分布曲線をかけ。
(2) $P(0.5\leqq X\leqq1.5)$ を求めよ。

指針 分布曲線と確率

(1) $\int_0^2 f(x)dx=1$ が成り立つことから求める。

(2) $P(0.5\leqq X\leqq 1.5)$ は $y=f(x)$ のグラフと x 軸，直線 $x=0.5$，$x=1.5$ で囲まれた部分の面積に等しい。

解答 (1) 分布曲線 $y=f(x)$ の性質により $\int_0^2 f(x)dx=1$ であるから

$$\int_0^2 f(x)dx=\int_0^1 f(x)dx+\int_1^2 f(x)dx$$
$$=\int_0^1 ax\,dx+\int_1^2 a(2-x)dx$$
$$=a\left[\frac{x^2}{2}\right]_0^1+a\left[2x-\frac{x^2}{2}\right]_1^2$$
$$=a\cdot\frac{1}{2}+a\left(2-\frac{3}{2}\right)=a$$

よって **$a=1$** 答

X の分布曲線は右の図のようになる。

(2) $P(0.5\leqq X\leqq 1.5)$
$$=1-P(X\leqq 0.5)-P(X\geqq 1.5)$$
$$=1-\frac{1}{2}\cdot\frac{1}{2}\cdot\frac{1}{2}-\frac{1}{2}\left(2-\frac{3}{2}\right)\left(2-\frac{3}{2}\right)$$
$$=\frac{3}{4}$$ 答

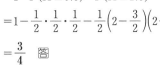

教 p.87

5 確率変数 X が正規分布 $N(50, 10^2)$ に従うとき，次の確率を求めよ。

(1) $P(X\leqq 70)$ 　　(2) $P(55\leqq X\leqq 65)$

指針 **正規分布** X が正規分布 $N(m, \sigma^2)$ に従うとき，$Z=\dfrac{X-m}{\sigma}$ とおくと，Z は標準正規分布 $N(0, 1)$ に従う。正規分布表を利用する。

解答 X が $N(50, 10^2)$ に従うとき，$Z=\dfrac{X-50}{10}$ は $N(0, 1)$ に従う。

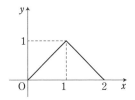

(1) $P(X\leqq 70)$
$$=P\left(Z\leqq\frac{70-50}{10}\right)=P(Z\leqq 2)$$
$$=P(Z\leqq 0)+P(0\leqq Z\leqq 2)$$
$$=0.5+p(2)$$
$$=0.5+0.4772=\mathbf{0.9772}$$ 答

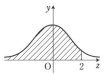

(2) $P(55 \leqq X \leqq 65)$

$\quad = P\left(\dfrac{55-50}{10} \leqq Z \leqq \dfrac{65-50}{10}\right)$

$\quad = P(0.5 \leqq Z \leqq 1.5)$

$\quad = P(0 \leqq Z \leqq 1.5) - P(0 \leqq Z \leqq 0.5)$

$\quad = p(1.5) - p(0.5)$

$\quad = 0.4332 - 0.1915 = \mathbf{0.2417}$ 答

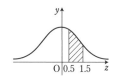

6 ある試験での成績の結果は，平均点 64 点，標準偏差 14 点であった。得点の分布を正規分布とみなすとき，次の問いに答えよ。ただし，いずれも小数第 1 位を四捨五入せよ。

(1) 36 点以上 92 点以下の人が 400 人いた。受験者の総数は約何人か。

(2) (1)のとき，合格点を 50 点とすると，約何人が合格することになるか。

指針 **正規分布**　得点を X とすると，X は正規分布 $N(64,\ 14^2)$ に従うから，$Z=\dfrac{X-64}{14}$ とおくと Z は標準正規分布 $N(0,\ 1)$ に従う。正規分布表を利用する。

解答 (1)　得点を X とすると，X は $N(64,\ 14^2)$ に従うから，$Z=\dfrac{X-64}{14}$ とおくと Z は $N(0,\ 1)$ に従う。

$\quad X=36$ のとき $Z=-2$，$X=92$ のとき $Z=2$

よって

$\quad P(36 \leqq X \leqq 92) = P(-2 \leqq Z \leqq 2)$

$\qquad\qquad\qquad\qquad = 2p(2) = 2\cdot 0.4772 = 0.9544$

受験者の総数を x とすると

$\qquad x \times 0.9544 = 400$

よって　$x = 419.1\cdots\cdots$

受験者の総数は　　**約 419 人**　答

(2)　$P(X \geqq 50) = P(Z \geqq -1) = 0.5 + p(1)$

$\qquad\qquad\qquad = 0.5 + 0.3413 = 0.8413$

よって，合格者数は $419 \times 0.8413 = 352.5\cdots\cdots$ から

約 353 人　答

第2節 統計的な推測

8 母集団と標本

1 全数調査と標本調査

① 統計的な調査には，調べたい対象全体のデータを集める **全数調査** と，対象全体から一部を抜き出して調べ，その結果から，全体の状況を推測する **標本調査** がある。

② 標本調査では，調べたい対象全体の集合を **母集団**，調査のために母集団から抜き出された要素の集合を **標本** といい，母集団から標本を抜き出すことを，標本の **抽出** という。

③ 母集団，標本の要素の個数を，それぞれ，**母集団の大きさ**，**標本の大きさ** という。

④ 母集団の各要素を等しい確率で抽出する方法を **無作為抽出** といい，無作為抽出で選ばれた標本を **無作為標本** という。

⑤ 無作為抽出では，**乱数さい** や **乱数表** を用いたり，コンピュータによって発生させた乱数を利用したりする。

注意 乱数表とその使い方は教科書の後見返しを参照。

2 母集団分布

① 大きさ N の母集団において，変量 x のとる異なる値を x_1, x_2, ……, x_r とし，それぞれの値をとる度数，すなわち，要素の個数を f_1, f_2, ……, f_r とする。このとき，この母集団における変量 x の度数分布表は右の表のようになる。

階級値	度数
x_1	f_1
x_2	f_2
⋮	⋮
x_r	f_r
計	N

この母集団から1個の要素を無作為に抽出するとき，その要素における変量 x の値 X は偶然に支配されるが，$X=x_k$ となる確率 p_k は

$$p_k = \frac{f_k}{N}, \quad k=1, 2, 3, \dots, r$$

である。したがって，X は右の表のような確率分布をもつ確率変数と考えられる。

X	x_1	x_2	……	x_r	計
P	$\frac{f_1}{N}$	$\frac{f_2}{N}$	……	$\frac{f_r}{N}$	1

この確率分布は，母集団の相対度数の分布と一致する。

② 母集団における変量 x の平均値 m，標準偏差 σ と，この確率変数 X の期待値 $E(X)$，標準偏差 $\sigma(X)$ について，次のことが成り立つ。

$$E(X)=m, \qquad \sigma(X)=\sigma$$

③　一般に，母集団における変量 x の分布を **母集団分布**，その平均値を
母平均，標準偏差を **母標準偏差** という。したがって，大きさ1の無作為標
本における変量 x の値 X は，母集団分布に従う確率変数で，その期待値，
標準偏差は，それぞれ，母平均，母標準偏差と一致する。

3　復元抽出・非復元抽出

①　母集団の中から標本を抽出するのに，毎回もとに戻しながら次のものを1
個ずつ取り出すことを **復元抽出** という。これに対して，取り出したものを
もとに戻さずに続けて抽出することを **非復元抽出** という。

A 全数調査と標本調査　　　**B** 母集団分布

練習 26

教 p.90

1，1，2，2，2，3，3，3，3，4 の数字を記入した 10 枚のカードが
ある。この 10 枚のカードを母集団，カードの数字を変量とすると
き，母集団分布，母平均，母標準偏差を求めよ。

指針 **母集団分布**　10 枚のカードから1枚を無作為に取り出すとき，そのカードの
数字を X で表すと，X は確率変数で，確率分布，平均，標準偏差を求める
ことができて，それぞれ母集団分布，母平均，母標準偏差と一致する。

解答　この 10 枚のカードから1枚を無作為に抽出したとき，そのカードの数字を
X とすると，X は確率変数で，その確
率分布は右の表のようになる。
母集団分布は，この大きさ1の無作為標
本の確率分布と一致するから，右の表の
ようになる。

答

X	1	2	3	4	計
P	$\dfrac{2}{10}$	$\dfrac{3}{10}$	$\dfrac{4}{10}$	$\dfrac{1}{10}$	1

また，母平均 m と母標準偏差 σ は

$$m = E(X) = 1 \cdot \frac{2}{10} + 2 \cdot \frac{3}{10} + 3 \cdot \frac{4}{10} + 4 \cdot \frac{1}{10} = \frac{12}{5}$$

$$E(X^2) = 1^2 \cdot \frac{2}{10} + 2^2 \cdot \frac{3}{10} + 3^2 \cdot \frac{4}{10} + 4^2 \cdot \frac{1}{10} = \frac{33}{5}$$

ゆえに　$\sigma = \sigma(X) = \sqrt{E(X^2) - \{E(X)\}^2}$

$$= \sqrt{\frac{33}{5} - \left(\frac{12}{5}\right)^2} = \frac{\sqrt{21}}{5}$$

答　**母平均** $\dfrac{12}{5}$，**母標準偏差** $\dfrac{\sqrt{21}}{5}$

C 復元抽出・非復元抽出

問6 4枚のカードに，それぞれ 1，2，3，4 の数字が書いてある。この 4 枚のカードからなる母集団から，次のような方法で大きさ 2 の無作為標本を抽出し，そのカードの数字を順に X_1，X_2 とする。X_1，X_2 の同時分布を，次のそれぞれの場合に求めよ。

(1) 復元抽出 (2) 非復元抽出

指針 **復元抽出と非復元抽出** カードの数字の組を (X_1, X_2) とする。復元抽出の場合は $(2, 2)$ のような取り出し方も考えられるが，非復元抽出の場合は X_1 と X_2 が同じ数字になる場合はないことに注意して，それぞれの値の組になる確率を求め，同時分布を作る。

解答 X_1，X_2 のとりうる値はそれぞれ 1，2，3，4 である。

(1) 復元抽出によって，カードを 2 枚取り出すとき，どのような数字の組合せになる確率も

$$\frac{1}{4} \cdot \frac{1}{4} = \frac{1}{16}$$

よって，X_1，X_2 の同時分布は右のようになる。

(2) 非復元抽出によって，カードを 2 枚取り出すとき，同じ数字のカードを 2 枚取り出すことはないから，その確率は 0

また，異なる数字のカードを 2 枚取り出す確率は

$$\frac{1}{4} \cdot \frac{1}{3} = \frac{1}{12}$$

よって，同時分布は右のようになる。

答

X_1＼X_2	1	2	3	4	計
1	$\frac{1}{16}$	$\frac{1}{16}$	$\frac{1}{16}$	$\frac{1}{16}$	$\frac{1}{4}$
2	$\frac{1}{16}$	$\frac{1}{16}$	$\frac{1}{16}$	$\frac{1}{16}$	$\frac{1}{4}$
3	$\frac{1}{16}$	$\frac{1}{16}$	$\frac{1}{16}$	$\frac{1}{16}$	$\frac{1}{4}$
4	$\frac{1}{16}$	$\frac{1}{16}$	$\frac{1}{16}$	$\frac{1}{16}$	$\frac{1}{4}$
計	$\frac{1}{4}$	$\frac{1}{4}$	$\frac{1}{4}$	$\frac{1}{4}$	1

答

X_1＼X_2	1	2	3	4	計
1	0	$\frac{1}{12}$	$\frac{1}{12}$	$\frac{1}{12}$	$\frac{1}{4}$
2	$\frac{1}{12}$	0	$\frac{1}{12}$	$\frac{1}{12}$	$\frac{1}{4}$
3	$\frac{1}{12}$	$\frac{1}{12}$	0	$\frac{1}{12}$	$\frac{1}{4}$
4	$\frac{1}{12}$	$\frac{1}{12}$	$\frac{1}{12}$	0	$\frac{1}{4}$
計	$\frac{1}{4}$	$\frac{1}{4}$	$\frac{1}{4}$	$\frac{1}{4}$	1

2章 統計的な推測

9 標本平均とその分布

まとめ

1 標本平均の期待値と標準偏差

① 母集団から大きさ n の標本を無作為に抽出し、変量 x について、その標本のもつ x の値を X_1, X_2, ……, X_n とするとき、

$$\overline{X} = \frac{1}{n}(X_1 + X_2 + \cdots\cdots + X_n)$$ を **標本平均** という。また、

$$S = \sqrt{\frac{1}{n}\sum_{k=1}^{n}(X_k - \overline{X})^2}$$ を **標本標準偏差** という。

② **標本平均の期待値と標準偏差**

母平均 m, 母標準偏差 σ の母集団から大きさ n の無作為標本を抽出するとき、標本平均 $\overline{X}$ の期待値と標準偏差は

$$E(\overline{X}) = m, \qquad \sigma(\overline{X}) = \frac{\sigma}{\sqrt{n}}$$

解説 母平均 m, 母標準偏差 σ の母集団から大きさ n の無作為標本を抽出し、その標本のもつ変量 x の値として定まる確率変数を X_1, X_2, ……, X_n とする。

この抽出が復元抽出の場合、これらの各変数は、大きさ 1 の標本の確率変数とみなされ、それぞれ母集団分布に従うから

$$E(X_1) = E(X_2) = \cdots\cdots = E(X_n) = m$$
$$\sigma(X_1) = \sigma(X_2) = \cdots\cdots = \sigma(X_n) = \sigma$$

したがって、$\overline{X}$ の期待値と標準偏差は、次のようにして求められる。

$$\begin{aligned}
E(\overline{X}) &= E\left(\frac{X_1 + X_2 + \cdots\cdots + X_n}{n}\right) \\
&= \frac{1}{n}\{E(X_1) + E(X_2) + \cdots\cdots + E(X_n)\} \\
&= \frac{1}{n} \cdot nm = m
\end{aligned}$$

X_1, X_2, ……, X_n は互いに独立な確率変数であるから

$$\begin{aligned}
\sigma(\overline{X}) &= \sqrt{V\left(\frac{X_1 + X_2 + \cdots\cdots + X_n}{n}\right)} \\
&= \sqrt{\frac{1}{n^2}\{V(X_1) + V(X_2) + \cdots\cdots + V(X_n)\}} \\
&= \sqrt{\frac{1}{n^2} \cdot n\sigma^2} = \frac{\sigma}{\sqrt{n}}
\end{aligned}$$

非復元抽出の場合も、母集団の大きさが標本の大きさ n に比べて十分大きいときは、復元抽出の場合と同様に考えてよい。

2 標本平均の分布と正規分布

① 母集団全体の中で特性 A をもつ要素の割合を，特性 A の **母比率** という。標本の中で特性 A をもつ要素の割合を，特性 A の **標本比率** という。

② 特性 A の母比率が p である十分大きな母集団から，大きさが n の標本を無作為に抽出するとき，標本の中で特性 A をもつものの個数を T とすると，T は二項分布 $B(n, p)$ に従う。よって，$q=1-p$ とすると，n が大きいとき，T は近似的に正規分布 $N(np, npq)$ に従う。特性 A の標本比率を R とすると，$R=\dfrac{T}{n}$ である。R は標本平均 $\overline{X}$ と同様に確率変数で

$$E(R)=\frac{1}{n}E(T)=\frac{1}{n}\cdot np=p, \qquad V(R)=\frac{1}{n^2}V(T)=\frac{1}{n^2}\cdot npq=\frac{pq}{n}$$

であるから，標本比率 R は近似的に正規分布 $N\!\left(p, \dfrac{pq}{n}\right)$ に従う。

③ 特性 A の母比率が p である母集団において，特性 A をもつ要素を 1，もたない要素を 0 で表す変量 x を考えると，大きさ n の標本の各要素を表す x の値 X_1，X_2，……，X_n は，それぞれ 1 または 0 である。

特性 A の標本比率 R は，これらのうち値が 1 であるものの割合であるから

$$R=\frac{X_1+X_2+\cdots\cdots+X_n}{n}$$ これは，標本平均 $\overline{X}$ に他ならない。

④ **標本平均の分布**

母平均 m，母標準偏差 σ の母集団から大きさ n の無作為標本を抽出するとき，標本平均 $\overline{X}$ は，n が大きいとき，近似的に正規分布 $N\!\left(m, \dfrac{\sigma^2}{n}\right)$ に従うとみなすことができる。母集団分布が正規分布のときは，n が大きくなくても，常に $\overline{X}$ は正規分布 $N\!\left(m, \dfrac{\sigma^2}{n}\right)$ に従うことが知られている。

3 大数の法則

① **大数の法則**

母平均 m の母集団から大きさ n の無作為標本を抽出するとき，その標本平均 $\overline{X}$ は，n が大きくなるに従って，母平均 m に近づく。

A 標本平均の期待値と標準偏差

教 p.93

問7 教科書 91 ページの問 6 の X_1，X_2 に対し，標本平均 $\overline{X}=\dfrac{1}{2}(X_1+X_2)$ の確率分布を，次のそれぞれの場合に求めよ。

(1) 復元抽出   (2) 非復元抽出

指針 **標本平均 $\overline{X}$ の確率分布** 問6の表をもとにして，$\overline{X}$ のとる値とその値をとるときの確率をそれぞれ求める。

解答 (1) $\overline{X} = \dfrac{1}{2}(X_1 + X_2)$ のとる値を表にすると，右のようになる。

ここで，(X_1, X_2) のどの組合せになる確率も，問6より $\dfrac{1}{16}$

X_1＼X_2	1	2	3	4
1	1	$\frac{3}{2}$	2	$\frac{5}{2}$
2	$\frac{3}{2}$	2	$\frac{5}{2}$	3
3	2	$\frac{5}{2}$	3	$\frac{7}{2}$
4	$\frac{5}{2}$	3	$\frac{7}{2}$	4

よって，$\overline{X}$ の確率分布は次のようになる。

$\overline{X}$	1	$\frac{3}{2}$	2	$\frac{5}{2}$	3	$\frac{7}{2}$	4	計
P	$\frac{1}{16}$	$\frac{2}{16}$	$\frac{3}{16}$	$\frac{4}{16}$	$\frac{3}{16}$	$\frac{2}{16}$	$\frac{1}{16}$	1

答

(2) 非復元抽出の場合，(X_1, X_2) が $(1, 1)$，$(2, 2)$，$(3, 3)$，$(4, 4)$ となることはないから，$\overline{X}$ のとる値を表にすると，右のようになる。

ここで，X_1 と X_2 が異なる値をとるときの (X_1, X_2) の組合せになる確率は，問6より $\dfrac{1}{12}$

X_1＼X_2	1	2	3	4
1		$\frac{3}{2}$	2	$\frac{5}{2}$
2	$\frac{3}{2}$		$\frac{5}{2}$	3
3	2	$\frac{5}{2}$		$\frac{7}{2}$
4	$\frac{5}{2}$	3	$\frac{7}{2}$	

よって，$\overline{X}$ の確率分布は次のようになる。

$\overline{X}$	$\frac{3}{2}$	2	$\frac{5}{2}$	3	$\frac{7}{2}$	計
P	$\frac{1}{6}$	$\frac{1}{6}$	$\frac{2}{6}$	$\frac{1}{6}$	$\frac{1}{6}$	1

答

練習 27 **教 p.94**

ある県における高校2年生の男子の体重の平均値は 64.1 kg，標準偏差は 10.5 kg である。この県の高校2年生の男子 100 人を無作為抽出で選ぶとき，100 人の体重の平均 $\overline{X}$ の期待値と標準偏差を求めよ。

指針 **標本平均 $\overline{X}$ の期待値と標準偏差** $E(\overline{X}) = m, \sigma(\overline{X}) = \dfrac{\sigma}{\sqrt{n}}$ を利用して求める。

解答 母平均 64.1，母標準偏差 10.5 の母集団から大きさ 100 の標本を無作為抽出したときの，標本平均 $\overline{X}$ の期待値，標準偏差は

$$E(\overline{X}) = 64.1 \qquad \sigma(\overline{X}) = \frac{10.5}{\sqrt{100}} = 1.05$$

答 **期待値 64.1 kg，標準偏差 1.05 kg**

練習 28

教 p.95

ある国の人の血液型は 10 人に 1 人の割合で AB 型である。その国の n 人を無作為に抽出するとき，k 番目に抽出された人が AB 型ならば 1，それ以外の血液型ならば 0 の値を対応させる確率変数を X_k とする。このとき，標本平均 $\overline{X} = \dfrac{1}{n}(X_1 + X_2 + \cdots\cdots + X_n)$ の期待値と標準偏差を求めよ。

指針 **母集団の確率分布と標本平均** まず，母集団の確率変数 X を，標本の確率変数 X_k が X のとる値になるように定める。

次に，その確率変数 X についての母平均 m と母標準偏差 σ を計算する。

すると，標本平均 $\overline{X}$ の期待値と標準偏差は $E(\overline{X}) = m$，$\sigma(\overline{X}) = \dfrac{\sigma}{\sqrt{n}}$ で求めることができる。

解答 母集団であるその国の人の血液型について，変量 X を，AB 型ならば 1，それ以外の血液型ならば 0 とする。

このとき，X は確率変数で，その確率分布は右の表のようになるから，母平均 m と母標準偏差 σ は

X	0	1	計
P	$\dfrac{9}{10}$	$\dfrac{1}{10}$	1

$$m = 0 \cdot \frac{9}{10} + 1 \cdot \frac{1}{10} = \frac{1}{10}$$

$$\sigma = \sqrt{0^2 \cdot \frac{9}{10} + 1^2 \cdot \frac{1}{10} - \left(\frac{1}{10}\right)^2} = \frac{3}{10}$$

よって，$\overline{X}$ の期待値，標準偏差は

$$E(\overline{X}) = m = \frac{1}{10}$$

$$\sigma(\overline{X}) = \frac{\sigma}{\sqrt{n}} = \frac{\frac{3}{10}}{\sqrt{n}} = \frac{3}{10\sqrt{n}}$$

答 **期待値 $\dfrac{1}{10}$，標準偏差 $\dfrac{3}{10\sqrt{n}}$**

B 標本平均の分布と正規分布

練習 29

教 p.97

教科書の例題 9 において，抽出する無作為標本の大きさを 400 とするとき，標本平均 $\overline{X}$ が 49 より小さい値をとる確率を求めよ。

指針 **標本平均の分布** 求めるものは $P(\overline{X}<49)$ である。

母平均 m，母標準偏差 σ のとき，大きさ n の無作為標本の標本平均 $\overline{X}$ は，近似的に正規分布 $N\left(m, \dfrac{\sigma^2}{n}\right)$ に従うと考えられる。

ここで $Z=\dfrac{\overline{X}-n}{\sigma'}$ $\left($ ただし $\sigma'=\sqrt{\dfrac{\sigma^2}{n}}\right)$ とおいて標準正規分布 $N(0,\ 1)$ に変換し，正規分布表を用いる。

解答 $m=50$，$\sigma=20$，$n=400$ より，この標本平均 $\overline{X}$ は近似的に正規分布

$N\left(50, \dfrac{20^2}{400}\right)$，すなわち $N(50,\ 1)$ に従うから，$Z=\overline{X}-50$ は近似的に標準正規分布 $N(0,\ 1)$ に従う。

よって，求める確率 $P(\overline{X}<49)$ は

$$P(\overline{X}<49)=P(Z<49-50)=P(Z<-1)$$
$$=P(Z>1)$$
$$=0.5-p(1)$$
$$=0.5-0.3413=\mathbf{0.1587} \quad \text{答}$$

C 大数の法則

問8 硬貨を n 回投げるとき，表の出る相対度数を R とする。$n=100$ の場合について，$P\left(\left|R-\dfrac{1}{2}\right|\leqq 0.05\right)$ の値を，教科書巻末の正規分布表を用いて求めよ。

指針 **大数の法則の確認** 相対度数 R は標本比率と同じ分布に従う。母比率を p とすると，n は十分大きいから，R は近似的に正規分布 $N\left(p, \dfrac{p(1-p)}{n}\right)$ に従う。

よって，$Z=\dfrac{R-p}{\sigma'}$ $\left($ ただし，$\sigma'=\sqrt{\dfrac{p(1-p)}{n}}\right)$ とおいて，標準正規分布 $N(0,\ 1)$ に変換することにより，求める確率を計算することができる。

解答 相対度数 R は標本比率と同じ分布に従う。

表が出るという特性の母比率を p とすると $\quad p=\dfrac{1}{2}$

n は十分大きいから，R は近似的に正規分布 $N\left(\dfrac{1}{2}, \dfrac{1}{2}\cdot\dfrac{1}{2}\cdot\dfrac{1}{100}\right)$

すなわち $N\left(\dfrac{1}{2}, \dfrac{1}{400}\right)$ に従う。

よって，$Z = \dfrac{R - \dfrac{1}{2}}{\sqrt{\dfrac{1}{400}}}$ すなわち $Z = 20\left(R - \dfrac{1}{2}\right)$ は近似的に標準正規分布

$N(0,\ 1)$ に従う。

ゆえに

$$P\left(\left|R - \frac{1}{2}\right| \leqq 0.05\right) = P\left(\left|\frac{Z}{20}\right| \leqq 0.05\right) = P(|Z| \leqq 1)$$
$$= P(-1 \leqq Z \leqq 1) = 2P(0 \leqq Z \leqq 1)$$
$$= 2p(1) = 2 \times 0.3413 = \mathbf{0.6826} \quad \text{圏}$$

教 p.98

練習
30

教科書の問 8 において，$n = 400,\ 900$ の各場合について，

$P\left(\left|R - \dfrac{1}{2}\right| \leqq 0.05\right)$ の値を，教科書巻末の正規分布表を用いて求め

よ。

指針 **大数の法則の確認** 問 8 と同様にして確率変数 Z を求め，正規分布表を利用して確率を求める。

なお，問 8 と練習 30 において，標本平均 $\overline{X}$ の特別な場合である相対度数 R について，n が大きくなるに従って，R は母比率（母平均）p に近づくという大数の法則を確認する。

解答 問 8 と同様にすると

$n = 400$ の場合

$$P\left(\left|R - \frac{1}{2}\right| \leqq 0.05\right) = P\left(\left|\frac{Z}{40}\right| \leqq 0.05\right)$$
$$= P(|Z| \leqq 2)$$
$$= P(-2 \leqq Z \leqq 2)$$
$$= 2P(0 \leqq Z \leqq 2)$$
$$= 2p(2) = 2 \times 0.4772$$
$$= \mathbf{0.9544} \quad \text{圏}$$

$n = 900$ の場合

$$P\left(\left|R - \frac{1}{2}\right| \leqq 0.05\right) = P\left(\left|\frac{Z}{60}\right| \leqq 0.05\right)$$
$$= P(|Z| \leqq 3)$$
$$= P(-3 \leqq Z \leqq 3)$$
$$= 2P(0 \leqq Z \leqq 3)$$
$$= 2p(3) = 2 \times 0.49865$$
$$= \mathbf{0.9973} \quad \text{圏}$$

2
章

統計的な推測

10 推定

まとめ

1 母平均の推定
① 母平均の推定
標本の大きさ n が大きいとき，母平均 m に対する信頼度 95 % の信頼区間は

$$\left[\overline{X}-1.96\cdot\frac{\sigma}{\sqrt{n}},\ \overline{X}+1.96\cdot\frac{\sigma}{\sqrt{n}}\right]$$

注意 母平均 m に対して信頼度 95 % の信頼区間を求めることを，「母平均 m を信頼度 95 % で推定する」ということがある。

② 母平均を推定するのに，標本の大きさ n が大きいときには，母標準偏差 σ の代わりに標本標準偏差

$$S=\sqrt{\frac{1}{n}\sum_{k=1}^{n}(X_k-\overline{X})^2}$$

の値を用いても差し支えない。

2 母比率の推定
① 母比率の推定
標本の大きさ n が大きいとき，標本比率を R とすると，母比率 p に対する信頼度 95 % の信頼区間は

$$\left[R-1.96\sqrt{\frac{R(1-R)}{n}},\ R+1.96\sqrt{\frac{R(1-R)}{n}}\right]$$

A 母平均の推定

教 p.99

深める 教科書 99 ページの母集団において，母平均 m に対する信頼度 99 % の信頼区間を求めよう。

指針 **信頼区間** まず，教科書巻末の正規分布表を利用して，$P(|Z|\leqq p)\fallingdotseq0.99$ となる p の値を求める。

解答 正規分布表により $P(|Z|\leqq2.58)\fallingdotseq0.99$
よって，母平均 m に対する信頼度 99 % の信頼区間は

$$\left[\overline{X}-2.58\cdot\frac{\sigma}{\sqrt{n}},\ \overline{X}+2.58\cdot\frac{\sigma}{\sqrt{n}}\right]\ 答$$

練習
31

大量に生産されたある製品から，400 個を無作為に抽出して長さを測ったところ，平均値が 105.4 cm であった。長さの母標準偏差を 2.0 cm として，この製品の長さの平均値を，信頼度 95 % で推定せよ。

指針 **母平均の推定** 信頼度 95 % の信頼区間は

$$\left[\overline{X}-1.96\cdot\frac{\sigma}{\sqrt{n}},\ \overline{X}+1.96\cdot\frac{\sigma}{\sqrt{n}}\right]$$

で表されるから，与えられた $\overline{X}$, n, σ の値をそれぞれ代入する。

解答 標本の大きさは $n=400$, 標本平均は $\overline{X}=105.4$,
母標準偏差は $\sigma=2.0$
よって，母平均に対する信頼度 95 % の信頼区間は

$$\left[105.4-1.96\cdot\frac{2.0}{\sqrt{400}},\ 105.4+1.96\cdot\frac{2.0}{\sqrt{400}}\right]$$

$105.4-1.96\cdot\dfrac{2.0}{\sqrt{400}}\fallingdotseq105.2$, $105.4+1.96\cdot\dfrac{2.0}{\sqrt{400}}\fallingdotseq105.6$ であるから，求める区間は **[105.2, 105.6]** ただし，単位は **cm** 答

注意 区間 [105.2, 105.6] は区間 $105.2\le x\le105.6$ のことである。

練習
32

ある清涼飲料水入りのびん 100 本について，A 成分の含有量を検査したところ，平均値 32.5 mg，標準偏差 3.1 mg を得た。この清涼飲料水 1 びんあたりの A 成分の平均含有量を，信頼度 95 % で推定せよ。

指針 **母平均の推定（母標準偏差がわからない場合）** 与えられた標本について，標本平均 $\overline{X}$ と標本標準偏差 S を求めると，母標準偏差 σ の代わりにこの標本標準偏差 S を用いて，信頼度 95 % の信頼区間を

$\left[\overline{X}-1.96\cdot\dfrac{S}{\sqrt{n}},\ \overline{X}+1.96\cdot\dfrac{S}{\sqrt{n}}\right]$ と表すことができる。

解答 与えられた標本の標本平均は $\overline{X}=32.5$, 標本標準偏差は $S=3.1$, 標本の大きさは $n=100$ であるから

$$1.96\cdot\frac{S}{\sqrt{n}}=1.96\cdot\frac{3.1}{\sqrt{100}}\fallingdotseq0.6$$

よって，信頼度 95 % の信頼区間は [32.5−0.6, 32.5+0.6]
すなわち **[31.9, 33.1]** ただし，単位は **mg** 答

B 母比率の推定

練習
33

教科書の例題 12 において，標本の大きさを 900 人としたら，むし歯のある生徒は 450 人であった。この県の高校 3 年生のむし歯の保有率 p を，信頼度 95 % で推定せよ。

指針 **母比率の推定** $n=900$ は十分大きいから，標本比率を R とすると，むし歯の保有率 p に対する信頼区間は，信頼度 95 % で

$$\left[R-1.96\sqrt{\frac{R(1-R)}{700}}, \ R+1.96\sqrt{\frac{R(1-R)}{700}} \right]$$

解答 むし歯の保有の標本比率を R とすると $\quad R=\dfrac{450}{900}=0.5$

$n=900$ であるから $\quad 1.96\sqrt{\dfrac{R(1-R)}{n}}=1.96\sqrt{\dfrac{0.5\times0.5}{900}}\fallingdotseq0.033$

よって，保有率 p に対する信頼度 95 % の信頼区間は

$$[0.5-0.033, \ 0.5+0.033]$$

ここで $\quad 0.5-0.033\fallingdotseq0.467, \ 0.5+0.033\fallingdotseq0.533$

ゆえに，求める信頼区間は $\quad$ **[0.467, 0.533]** 答

11 仮説検定

まとめ

1 仮説検定

① 母集団分布に関する仮定を **仮説** といい，標本から得られた結果によって，この仮説が正しいか正しくないかを判断する方法を **仮説検定** という。また，仮説が正しくないと判断することを，仮説を **棄却する** という。

② 仮説検定においては，どの程度小さい確率の事象が起こると仮説を棄却するかという基準を予め定めておく。この基準となる確率 α を **有意水準** または **危険率** という。

③ 有意水準 α に対し，立てた仮説のもとでは実現しにくい確率変数の値の範囲を，その範囲の確率が α になるように定める。この範囲を有意水準 α の **棄却域** といい，実現した確率変数の値が棄却域に入れば仮説を棄却する。また，確率変数の値が棄却域に入らなければ，仮説を棄却するだけの根拠がこの標本からは得られな

有意水準 α の棄却域

かったと考えて，「仮説を棄却できない」と判断する。なお，仮説が棄却で

きない場合，その仮説が正しいと判断できるわけではない。

注意 仮説検定において，正しいかどうか判断したい主張 [1] に反する仮定として立てた主張 [2] を **帰無仮説**，主張 [1] を **対立仮説** という。

④ 仮説検定の手順を示すと次のようになる。

   1 事象が起こった状況や原因を推測し，仮説を立てる。

   2 有意水準 α を定め，仮説に基づいて棄却域を定める。

   3 標本から得られた確率変数の値が棄却域に入れば仮説を棄却し，棄却域に入らなければ仮説を棄却しない。

注意 有意水準 α で仮説検定を行うことを，「有意水準 α で検定する」ということがある。

⑤ 教科書の例 14 では，仮説に対して，表の出た回数が大きすぎても小さすぎても仮説が棄却されるように，棄却域を両側にとっている。このような検定を **両側検定** という。これに対し，教科書の例 15 のように，棄却域を片側にとる検定を **片側検定** という。

片側検定

有意水準 α の棄却域

A 仮説検定

教 p.106

練習 34

> ある 1 個のさいころを 180 回投げたところ，1 の目が 24 回出た。このさいころは，1 の目の出る確率が $\dfrac{1}{6}$ ではないと判断してよいか。有意水準 5 % で検定せよ。

指針 仮説検定 1 の目が出る確率を p とする。

$p = \dfrac{1}{6}$ という仮説を立てる。仮説が正しいとすると，1 の目が出る回数 X は二項分布 $B\left(180,\ \dfrac{1}{6}\right)$ に従う。標準正規分布を利用して検定する。

解答 1 の目が出る確率を p とする。

1 の目が出る確率が $\dfrac{1}{6}$ でなければ，$p \neq \dfrac{1}{6}$ である。

ここで，$p = \dfrac{1}{6}$ であるという仮説を立てる。

仮説が正しいとするとき，180 回のうち 1 の目が出る回数 X は，二項分布 $B\left(180,\ \dfrac{1}{6}\right)$ に従う。

X の期待値 m と標準偏差 σ は

$$m = 180 \times \frac{1}{6} = 30, \qquad \sigma = \sqrt{180 \times \frac{1}{6} \times \frac{5}{6}} = 5$$

よって，$Z = \dfrac{X-30}{5}$ は近似的に標準正規分布 $N(0, 1)$ に従う。

正規分布表より $P(-1.96 \leqq Z \leqq 1.96) \fallingdotseq 0.95$ であるから，有意水準 5 % の棄却域は　$Z \leqq -1.96,\ 1.96 \leqq Z$

$X = 24$ のとき $Z = \dfrac{24-30}{5} = -1.2$ であり，この値は棄却域に入らないから，

仮説を棄却できない。すなわち，

1 の目が出る確率が $\dfrac{1}{6}$ ではないとは判断できない。 答

練習 35

教科書の例 15 において，品種改良した種子から無作為に 600 個抽出して種をまいたところ，378 個が発芽した。このとき，品種改良によって発芽率が上がったと判断してよいか。有意水準 5 % で検定せよ。

指針 **仮説検定** 例 15 と同様にすると，600 個のうち発芽した種子の個数 X は二項分布 $B(600, 0.6)$ に従う。

標準正規分布を利用する。

解答 品種改良した新しい種子の発芽率を p とする。発芽率が上がったならば $p > 0.6$ である。ここで，$p \geqq 0.6$ を前提として「発芽率は上がっていない」，すなわち $p = 0.6$ という仮説を立てる。

仮説が正しいとするとき，600 個のうち発芽した種子の個数 X は二項分布 $B(600, 0.6)$ に従う。

X の期待値 m と標準偏差 σ は

$$m = 600 \times 0.6 = 360, \qquad \sigma = \sqrt{600 \times 0.6 \times 0.4} = 12$$

よって，$Z = \dfrac{X-360}{12}$ は近似的に標準正規分布 $N(0, 1)$ に従う。

正規分布表より $P(0 \leqq Z \leqq 1.64) \fallingdotseq 0.45$ であるから，有意水準 5 % の棄却域は　$Z \geqq 1.64$

$X = 378$ のとき $Z = \dfrac{378-360}{12} = 1.5$ であり，この値は棄却域に入らないから，

仮説を棄却できない。すなわち，

品種改良によって発芽率が上がったとは判断できない。 答

練習
36

内容量 300 g と表示されている大量の缶詰から，無作為に 100 個を取り出し，内容量を量ったところ，平均値が 298.6 g，標準偏差が 7.4 g であった。全製品の 1 缶あたりの平均内容量は，表示通りでないと判断してよいか。有意水準 5 % で検定せよ。

指針 **仮説検定** 無作為に取り出した 100 個について，重さの標本平均を $\overline{X}$ とする。ここで，仮説「母平均 m について $m=300$ である」を立てる。仮説が正しいとすると，$\overline{X}$ は近似的に正規分布 $N\left(300,\ \dfrac{7.4^2}{100}\right)$ に従う。標準正規分布を利用して検定する。

解答 無作為抽出した 100 個について，重さの標本平均を $\overline{X}$ とする。ここで，仮説「母平均 m について $m=300$ である」を立てる。

標本の大きさは十分大きいと考えると，仮説が正しいとするとき，$\overline{X}$ は近似的に正規分布 $N\left(300,\ \dfrac{7.4^2}{100}\right)$ に従う。$\dfrac{7.4^2}{100}=0.74^2$ であるから，

$Z=\dfrac{\overline{X}-300}{0.74}$ は，近似的に標準正規分布 $N(0,\ 1)$ に従う。

正規分布表より $P(-1.96 \leqq Z \leqq 1.96)≒0.95$ であるから，有意水準 5 % の棄却域は $\quad Z \leqq -1.96,\ 1.96 \leqq Z$

$\overline{X}=298.6$ のとき $Z=\dfrac{298.6-300}{0.74}≒-1.9$ であり，この値は棄却域に入らないから，仮説を棄却できない。すなわち，

1 缶あたりの平均内容量は，表示通りでないとは判断できない。 答

第2章 第2節　　問　題

7 1から3までの数字を書き込んだ玉が，その数字と同じ個数だけ袋に
入っている。これを母集団とし，玉の数字を変量，その値を X とする。
(1) 母集団分布を示せ。
(2) 母平均と母標準偏差を求めよ。

指針　母集団分布

(1) 母集団における変量 x の分布を母集団分布という。母集団分布は，大き
さ1の無作為標本の値 X の確率分布と一致する。

(2) 母集団分布の平均(期待値)と標準偏差を求める。

解答 (1) 母集団には，1の数字を書いた玉が1個，2の数字を書いた玉が2個，3
の数字を書いた玉が3個入っている。

この6個の玉を母集団とみて，玉の数字を変量とすると，母集団分布は，

大きさ1の無作為標本の値 X の確
率分布と一致するから，
母集団分布は右の表のようになる。

X	1	2	3	計
P	$\dfrac{1}{6}$	$\dfrac{2}{6}$	$\dfrac{3}{6}$	1

答

(2) (1)から，

母平均は
$$1 \cdot \frac{1}{6} + 2 \cdot \frac{2}{6} + 3 \cdot \frac{3}{6} = \frac{7}{3}$$

母標準偏差は
$$\sqrt{1^2 \cdot \frac{1}{6} + 2^2 \cdot \frac{2}{6} + 3^2 \cdot \frac{3}{6} - \left(\frac{7}{3} \right)^2} = \frac{\sqrt{5}}{3}$$

答　**母平均 $\dfrac{7}{3}$，母標準偏差 $\dfrac{\sqrt{5}}{3}$**

8 右の表は 5 人の生徒が 100 m を走ったときの，所要時間の記録である。この

生　徒	A	B	C	D	E
所要時間(秒)	12	14	14	16	18

5 人を母集団，所要時間を変量として，次の問いに答えよ。

(1) 母平均 m と母標準偏差 σ を求めよ。

(2) この母集団から，非復元抽出によって大きさ 2 の標本を無作為抽出し，その変量の値を X_1，X_2 とする。このとき，標本平均 $\overline{X}=\dfrac{X_1+X_2}{2}$ の確率分布を求めよ。

(3) $\overline{X}$ の期待値 $E(\overline{X})$ と標準偏差 $\sigma(\overline{X})$ を求めよ。

指針 標本平均の期待値と標準偏差

(1) $m=\dfrac{1}{n}\sum\limits_{k=1}^{n}X_k$，$\sigma=\sqrt{\dfrac{1}{n}\sum\limits_{k=1}^{n}(X_k-m)^2}$ の式で求めるか，母集団分布を調べて計算する。

(2) 例えば，非復元抽出により，A，B の順に選んだとき，
$\overline{X}=\dfrac{12+14}{2}=13$ で，その確率は $\dfrac{1}{5}\cdot\dfrac{1}{4}=\dfrac{1}{20}$
すべての選び方を表にして調べる。

(3) (2)で求めた確率分布をもとに，期待値と標準偏差を計算する。

解答 (1) $m=\dfrac{12+14+14+16+18}{5}=\dfrac{74}{5}$ 答

$\sigma=\sqrt{\dfrac{1}{5}\left\{\left(12-\dfrac{74}{5}\right)^2+\left(14-\dfrac{74}{5}\right)^2+\left(14-\dfrac{74}{5}\right)^2+\left(16-\dfrac{74}{5}\right)^2+\left(18-\dfrac{74}{5}\right)^2\right\}}$

$=\sqrt{\dfrac{104}{25}}=\dfrac{2\sqrt{26}}{5}$ 答

(2) 5 人の中から 2 人を非復元抽出によって順に選ぶとき，同じ人を 2 度選ぶことはないからその確率は 0 であり，異なる 2 人を選ぶ確率はどれも
$\dfrac{1}{5}\cdot\dfrac{1}{4}=\dfrac{1}{20}$

また，選んだ 2 人の所要時間 X_1 と X_2 の平均 $\overline{X}$ を表にすると右のようになる。表で，$\overline{X}$ の値が 13，14，15，16，17 となる度数はそれぞれ 4，4，6，4，2 であるから，$\overline{X}$ の確率分布は下の表のようになる。

	A	B	C	D	E
A		13	13	14	15
B	13		14	15	16
C	13	14		15	16
D	14	15	15		17
E	15	16	16	17	

$\overline{X}$	13	14	15	16	17	計
P	$\frac{2}{10}$	$\frac{2}{10}$	$\frac{3}{10}$	$\frac{2}{10}$	$\frac{1}{10}$	1

答

(3) (2)で求めた確率分布により

$$E(\overline{X})=13\cdot\frac{2}{10}+14\cdot\frac{2}{10}+15\cdot\frac{3}{10}+16\cdot\frac{2}{10}+17\cdot\frac{1}{10}$$

$$=\frac{74}{5}\quad 答$$

$$\sigma(\overline{X})=\sqrt{13^2\cdot\frac{2}{10}+14^2\cdot\frac{2}{10}+15^2\cdot\frac{3}{10}+16^2\cdot\frac{2}{10}+17^2\cdot\frac{1}{10}-\left(\frac{74}{5}\right)^2}$$

$$=\sqrt{\frac{39}{25}}=\frac{\sqrt{39}}{5}\quad 答$$

別解 (1) 母集団分布は右の表のようになるから

X	12	14	16	18	計
P	$\frac{1}{5}$	$\frac{2}{5}$	$\frac{1}{5}$	$\frac{1}{5}$	1

$$m=12\cdot\frac{1}{5}+14\cdot\frac{2}{5}+16\cdot\frac{1}{5}+18\cdot\frac{1}{5}$$

$$=\frac{74}{5}\quad 答$$

$$\sigma=\sqrt{12^2\cdot\frac{1}{5}+14^2\cdot\frac{2}{5}+16^2\cdot\frac{1}{5}+18^2\cdot\frac{1}{5}-\left(\frac{74}{5}\right)^2}$$

$$=\sqrt{\frac{104}{25}}=\frac{2\sqrt{26}}{5}\quad 答$$

教 p.109

9 ある工場で生産されている照明器具の中から無作為抽出で 100 個を選び，有効時間の平均値と標準偏差を調べたところ，それぞれ 2000 時間，122 時間であった。この照明器具の平均有効時間を信頼度 95 % で推定せよ。

指針 **母平均の推定** 標本の大きさ n が大きいとき，母平均 m に対する信頼度 95 % の信頼区間は $\left[\overline{X}-1.96\cdot\frac{\sigma}{\sqrt{n}},\ \overline{X}+1.96\cdot\frac{\sigma}{\sqrt{n}}\right]$

ただし，$\overline{X}$ は標本平均，σ は母標準偏差であり，σ の代わりに標本標準偏差 S を用いてもよい。

解答 $n=100$，標本平均 $\overline{X}=2000$，標本標準偏差 $S=122$ である。

よって，母平均である平均有効時間に対する信頼度 95 % の信頼区間は

$$\left[2000-1.96\cdot\frac{122}{\sqrt{100}},\ 2000+1.96\cdot\frac{122}{\sqrt{100}}\right]$$

ここで　$2000-1.96\cdot\dfrac{122}{\sqrt{100}}\fallingdotseq1976,$

$\qquad 2000+1.96\cdot\dfrac{122}{\sqrt{100}}\fallingdotseq2024$

ゆえに，信頼区間は　**[1976, 2024]**　**ただし，単位は時間**　答

10 プロ野球の A，B 両チームの年間の対戦成績は，A の 16 勝 9 敗であった。両チームの力に差があると判断してよいか。有意水準 5 % で検定せよ。

指針 **仮説検定**　A が勝つ確率を p とする。$p=0.5$ という仮説を立てる。仮説が正しいとすると，A が勝つ回数 X は二項分布 $B(25,\ 0.5)$ に従う。標準正規分布を利用して検定する。

解答 A が勝つ確率を p とする。両チームの力に差があるなら，$p\neq0.5$ である。ここで，$p=0.5$ であるという仮説を立てる。

仮説が正しいとするとき，25 回の対戦のうち A が勝つ回数 X は，二項分布 $B(25,\ 0.5)$ に従う。X の期待値 m と標準偏差 σ は

$$m=25\times0.5=12.5,\qquad \sigma=\sqrt{25\times0.5\times0.5}=2.5$$

よって，$Z=\dfrac{X-12.5}{2.5}$ は近似的に標準正規分布 $N(0,\ 1)$ に従う。

正規分布表より $P(-1.96\leqq Z\leqq1.96)\fallingdotseq0.95$ であるから，有意水準 5 % の棄却域は　$Z\leqq-1.96,\ 1.96\leqq Z$

$X=16$ のとき $Z=\dfrac{16-12.5}{2.5}=1.4$ であり，この値は棄却域に入らないから，仮説は棄却できない。すなわち，

両チームの力に差があるとは判断できない。　答

11 A社のある製品の不良率は従来5％であったが，A社が新たに開発した製法で作られた製品から1900個を無作為に抽出して調べたところ，不良品の数は75個であった。新製法により，不良率は従来より下がったと判断してよいか。有意水準1％で検定せよ。

指針 **仮説検定**　新たに開発した製法による製品の不良率を p とする。$p=0.05$ という仮説を立てる。仮説が正しいとするとき，1900個のうち不良品の個数 X は，二項分布 $B(1900,\ 0.05)$ に従う。標準正規分布を利用して検定する。

解答 新たに開発した製法による製品の不良率を p とする。

不良率が下がったならば，$p<0.05$ である。ここで，$p\leqq0.05$ を前提として「不良率は下がっていない」，すなわち $p=0.05$ という仮説を立てる。

この仮説が正しいとするとき，1900個のうち不良品の個数 X は，二項分布 $B(1900,\ 0.05)$ に従う。X の期待値 m と標準偏差 σ は

$$m=1900\times0.05=95, \qquad \sigma=\sqrt{1900\times0.05\times0.95}=9.5$$

よって，$Z=\dfrac{X-95}{9.5}$ は近似的に標準正規分布 $N(0,\ 1)$ に従う。

正規分布表より $P(-2.33\leqq Z\leqq0)\fallingdotseq0.49$ であるから，有意水準1％の棄却域は　　　　$Z\leqq-2.33$

$X=75$ のとき $Z=\dfrac{75-95}{9.5}\fallingdotseq-2.1$ であり，この値は棄却域に入らないから，仮説を棄却できない。すなわち，

不良率が従来より下がったとは判断できない。　答

第2章　演習問題A

教 p.110

1. 1個のさいころを 12 回投げるとき，出る目の和を X とする。確率変数 X の期待値と分散を求めよ。

指針 **確率変数の和の期待値，分散**　さいころを 1 回投げたときに出る目の数の期待値，分散をまず求める。すると，確率変数 X は，さいころを 1 回目，2 回目，……，12 回目に投げたとき出る目の数の和であり，X の期待値，分散は，それぞれ各回に出る目の数の期待値，分散の和で求められる。

解答　さいころを 1 回投げたときに出る目の数を Y とすると，Y の確率分布は右の表のようになる。

Y	1	2	3	4	5	6	計
P	$\frac{1}{6}$	$\frac{1}{6}$	$\frac{1}{6}$	$\frac{1}{6}$	$\frac{1}{6}$	$\frac{1}{6}$	1

$$E(Y) = 1 \cdot \frac{1}{6} + 2 \cdot \frac{1}{6} + 3 \cdot \frac{1}{6} + 4 \cdot \frac{1}{6} + 5 \cdot \frac{1}{6} + 6 \cdot \frac{1}{6}$$

$$= (1+2+3+4+5+6) \cdot \frac{1}{6} = \frac{7}{2}$$

$$E(Y^2) = 1^2 \cdot \frac{1}{6} + 2^2 \cdot \frac{1}{6} + 3^2 \cdot \frac{1}{6} + 4^2 \cdot \frac{1}{6} + 5^2 \cdot \frac{1}{6} + 6^2 \cdot \frac{1}{6}$$

$$= (1^2+2^2+3^2+4^2+5^2+6^2) \cdot \frac{1}{6} = \frac{91}{6}$$

$$V(Y) = E(Y^2) - \{E(Y)\}^2 = \frac{91}{6} - \left(\frac{7}{2}\right)^2 = \frac{35}{12}$$

ここで，1 個のさいころを 1 回目，2 回目，……，12 回目に投げたときに出る目をそれぞれ X_1，X_2，……，X_{12} とすると

$$X = X_1 + X_2 + \cdots\cdots + X_{12}$$

また，X_1，X_2，……，X_{12} の期待値，分散は，それぞれ上の確率変数 Y の期待値，分散と等しい。すなわち

$$E(X_1) = E(X_2) = \cdots\cdots = E(X_{12}) = \frac{7}{2}, \ V(X_1) = V(X_2) = \cdots\cdots = V(X_{12}) = \frac{35}{12}$$

したがって，確率変数の和の期待値の性質により

$$E(X) = E(X_1 + X_2 + \cdots\cdots + X_{12})$$

$$= E(X_1) + E(X_2) + \cdots\cdots + E(X_{12}) = \frac{7}{2} \cdot 12 = 42$$

X_1，X_2，……，X_{12} は互いに独立であるから，和の分散の性質より

$$V(X) = V(X_1 + X_2 + \cdots\cdots + X_{12})$$

$$= V(X_1) + V(X_2) + \cdots\cdots + V(X_{12}) = \frac{35}{12} \cdot 12 = 35$$

答 **期待値** 42, **分散** 35

教 p.110

2. 50 円硬貨 2 枚と 100 円硬貨 3 枚を同時に投げるとき，表の出た硬貨の
  金額の和の期待値と標準偏差を求めよ。

指針 **確率変数の和の期待値，標準偏差** 50 円硬貨 2 枚を投げて表の出た金額の
  和を X，100 円硬貨 3 枚を投げて表の出た金額の和を Y として，$E(X)$,
  $V(X)$, $E(Y)$, $V(Y)$ を計算する。求めるものは和 $X+Y$ の期待値と標準
  偏差である。

解答 50 円硬貨 2 枚を同時に投げたとき，表の出た 50 円硬貨の金額の和を X とし，
  100 円硬貨 3 枚を同時に投げたとき，表の出た 100 円硬貨の金額の和を Y と
  すると，X, Y の確率分布は次の表のようになる。

X	0	50	100	計
P	$\frac{1}{4}$	$\frac{2}{4}$	$\frac{1}{4}$	1

Y	0	100	200	300	計
P	$\frac{1}{8}$	$\frac{3}{8}$	$\frac{3}{8}$	$\frac{1}{8}$	1

よって $E(X)=0\cdot\frac{1}{4}+50\cdot\frac{2}{4}+100\cdot\frac{1}{4}=50$

$E(X^2)=0^2\cdot\frac{1}{4}+50^2\cdot\frac{2}{4}+100^2\cdot\frac{1}{4}=3750$

$V(X)=E(X^2)-\{E(X)\}^2=3750-50^2=1250$

また $E(Y)=0\cdot\frac{1}{8}+100\cdot\frac{3}{8}+200\cdot\frac{3}{8}+300\cdot\frac{1}{8}=150$

$E(Y^2)=0^2\cdot\frac{1}{8}+100^2\cdot\frac{3}{8}+200^2\cdot\frac{3}{8}+300^2\cdot\frac{1}{8}=30000$

$V(Y)=E(Y^2)-\{E(Y)\}^2=30000-150^2=7500$

求めるものは，X と Y の和 $X+Y$ の期待値，標準偏差である。
よって $E(X+Y)=E(X)+E(Y)=50+150=200$
また，確率変数 X と Y は互いに独立であるから
$V(X+Y)=V(X)+V(Y)=1250+7500=8750$
ゆえに $\sigma(X+Y)=\sqrt{V(X+Y)}=\sqrt{8750}=25\sqrt{14}$

答 **期待値** 200, **標準偏差** $25\sqrt{14}$

教 p.110

3. 白玉 3 個と黒玉 2 個が入っている袋から玉を 1 個取り出し，もとに戻
  す操作を 100 回行う。白玉の出る回数の期待値と標準偏差を求めよ。

指針 **二項分布の期待値と標準偏差**　袋から玉を1個取り出したときに白玉の出る確率を p とすると，二項分布 $B(100,\ p)$ に従う。二項分布 $B(n,\ p)$ について，$E(X)=np$，$\sigma(X)=\sqrt{npq}$ である。

解答 白玉3個と黒玉2個の入っている袋から玉を1個取り出すとき，白玉の出る確率は $\dfrac{3}{5}$

よって，この操作を100回繰り返したときに白玉の出る回数を X とすると，X は二項分布 $B\left(100,\ \dfrac{3}{5}\right)$ に従う。

ゆえに　$E(X)=100\cdot\dfrac{3}{5}=60$，$\sigma(X)=\sqrt{100\cdot\dfrac{3}{5}\left(1-\dfrac{3}{5}\right)}=2\sqrt{6}$

　　　　　　　　　图　**期待値 60，標準偏差 $2\sqrt{6}$**

4. 母集団の変量 x が右のような分布をしているとする。この母集団から復元抽出した大きさ4の無作為標本の変量 x の値を X_1, X_2, X_3, X_4 とするとき，標本平均 $\overline{X}$ の期待値と標準偏差を求めよ。

x	1	2	3	計
度数	4	5	1	10

指針 **標本平均の期待値と標準偏差**　復元抽出の場合，母平均を m，母標準偏差を σ とすると，$E(\overline{X})=m$，$\sigma(\overline{X})=\dfrac{\sigma}{\sqrt{n}}$ が成り立つ。

解答 母平均を m，母標準偏差を σ とすると

$$m=1\cdot\dfrac{4}{10}+2\cdot\dfrac{5}{10}+3\cdot\dfrac{1}{10}=\dfrac{17}{10}$$

$$\sigma=\sqrt{1^2\cdot\dfrac{4}{10}+2^2\cdot\dfrac{5}{10}+3^2\cdot\dfrac{1}{10}-\left(\dfrac{17}{10}\right)^2}=\dfrac{\sqrt{41}}{10}$$

よって，$\overline{X}$ の期待値，標準偏差は

$$E(\overline{X})=m=\dfrac{17}{10},\qquad \sigma(\overline{X})=\dfrac{\sigma}{\sqrt{n}}=\dfrac{\sqrt{41}}{10\cdot\sqrt{4}}=\dfrac{\sqrt{41}}{20}$$

　　　　　　　　　图　**期待値 $\dfrac{17}{10}$，標準偏差 $\dfrac{\sqrt{41}}{20}$**

5. ある工場の製品400個について検査したところ，不良品が30個あった。全製品における不良率を，信頼度95%で推定せよ。

指針 **母比率の推定**　標本の大きさ n が大きいとき，標本比率を R とすると，母比率 p に対する信頼度 95 % の信頼区間は

$$\left[R-1.96\sqrt{\frac{R(1-R)}{n}},\ R+1.96\sqrt{\frac{R(1-R)}{n}} \right]$$

解答　標本比率を R とすると，$n=400$ であるから

$$R=\frac{30}{400}=0.075$$

$$1.96\sqrt{\frac{R(1-R)}{n}}=1.96\sqrt{\frac{0.075\times0.925}{400}}\fallingdotseq0.026$$

よって，信頼度 95 % の信頼区間は

$$[0.075-0.026,\ 0.075+0.026]$$

すなわち，　　**[0.049, 0.101]**　答

教 p.110

6. ある会社が販売している 200 mL 入りと表示された紙パック飲料から，無作為に 64 本を抽出して内容量を計ったところ，平均値は 199.5 mL，標準偏差は 2.8 mL であった。この商品の平均内容量は，表示通りでないと判断してよいか。有意水準 5 % で検定せよ。

指針 **仮説検定**　無作為抽出した 64 本について，内容量の標本平均を $\overline{X}$ とする。ここで，仮説「母平均 m について $m=200$ である」を立てる。仮説が正しいとすると，$\overline{X}$ は近似的に正規分布 $N\left(200,\ \frac{2.8^2}{64}\right)$ に従う。標準正規分布を利用して検定する。

解答　無作為抽出した 64 本について，内容量の標本平均を $\overline{X}$ とする。ここで，仮説「母平均 m について $m=200$ である」を立てる。標本の大きさは十分大きいと考えると，仮説が正しいとするとき，$\overline{X}$ は近似的に正規分布 $N\left(200,\ \frac{2.8^2}{64}\right)$ に従う。$\frac{2.8^2}{64}=0.35^2$ であるから，

$Z=\dfrac{\overline{X}-200}{0.35}$ は，近似的に標準正規分布 $N(0,\ 1)$ に従う。

正規分布表より $P(-1.96\leqq Z\leqq1.96)\fallingdotseq0.95$ であるから，有意水準 5 % の棄却域は　　$Z\leqq-1.96,\ 1.96\leqq Z$

$\overline{X}=199.5$ のとき $Z=\dfrac{199.5-200}{0.35}\fallingdotseq-1.4$ であり，この値は棄却域に入らないから，仮説を棄却できない。すなわち，

この商品の平均内容量は，表示通りでないとは判断できない。　答

第2章　演習問題B

教 p.111

7. 1個のさいころを2回投げるとき，出る目の最大値を X とする。

　(1)　確率変数 X の確率分布を求めよ。

　(2)　X の期待値と標準偏差を求めよ。

指針 **さいころと確率変数の期待値，標準偏差**　　例えば，2回のさいころの目が $(3, 4)$ や $(4, 2)$ のとき $X=4$，$(5, 5)$ のとき $X=5$ である。X のとりうる値は 1，2，……，6 であり，各値をとる目の出方を書き出すことによって確率分布を調べる。

解答 (1)　X のとりうる値は 1，2，……，6 であり，各値をとるときの2回のさいころの目の出方は，次の通りである。

　　$X=1$ のとき　　$(1, 1)$ の1通り。

　　$X=2$ のとき　　$(2, 1)$, $(2, 2)$, $(1, 2)$ の3通り。

　　$X=3$ のとき　　$(3, 1)$, $(3, 2)$, $(3, 3)$, $(1, 3)$, $(2, 3)$ の5通り。

　　$X=4$ のとき　　$(4, 1)$, ……, $(4, 4)$, $(1, 4)$, ……, $(3, 4)$ の7通り。

　　$X=5$ のとき　　$(5, 1)$, ……, $(5, 5)$, $(1, 5)$, ……, $(4, 5)$ の9通り。

　　$X=6$ のとき　　$(6, 1)$, ……, $(6, 6)$, $(1, 6)$, ……, $(5, 6)$ の11通り。

どの目の出方の確率も $\dfrac{1}{36}$

よって，X の確率分布は右の表のようになる。

X	1	2	3	4	5	6	計
P	$\dfrac{1}{36}$	$\dfrac{3}{36}$	$\dfrac{5}{36}$	$\dfrac{7}{36}$	$\dfrac{9}{36}$	$\dfrac{11}{36}$	1

图

(2)　(1)の確率分布により

$$E(X)=1\cdot\frac{1}{36}+2\cdot\frac{3}{36}+3\cdot\frac{5}{36}+4\cdot\frac{7}{36}+5\cdot\frac{9}{36}+6\cdot\frac{11}{36}$$

$$=\frac{161}{36}$$

また　$E(X^2)=1^2\cdot\frac{1}{36}+2^2\cdot\frac{3}{36}+3^2\cdot\frac{5}{36}+4^2\cdot\frac{7}{36}+5^2\cdot\frac{9}{36}+6^2\cdot\frac{11}{36}$

$$=\frac{791}{36}$$

よって　$\sigma(X)=\sqrt{E(X^2)-\{E(X)\}^2}$

$$=\sqrt{\frac{791}{36}-\left(\frac{161}{36}\right)^2}=\frac{\sqrt{2555}}{36}$$

图　**期待値** $\dfrac{161}{36}$，**標準偏差** $\dfrac{\sqrt{2555}}{36}$

8. ある大学の入学試験は，受験者数が 2600 名で，500 点満点の試験に対し，平均値は 296 点，標準偏差は 52 点，合格者は 400 名という結果であった。得点の分布が正規分布であるとみなされるとき，合格最低点はおよそ何点であるか。小数点以下を切り捨てて答えよ。

指針 **正規分布の応用**　得点 X は正規分布 $N(296, 52^2)$ に従うから，

$Z = \dfrac{X-296}{52}$ とおくと，Z は標準正規分布 $N(0, 1)$ に従う。

このとき，2600 人中の 400 番目の得点を調べる。

解答　得点 X は正規分布 $N(296, 52^2)$ に従うから，$Z = \dfrac{X-296}{52}$ は標準正規分布 $N(0, 1)$ に従う。

ここで，$P(Z \geqq u) = \dfrac{400}{2600} \fallingdotseq 0.1538$

となる u の値を求めると

$$P(Z \geqq u) = P(Z \geqq 0) - P(0 \leqq Z \leqq u)$$
$$= 0.5 - p(u)$$

より　　$p(u) = 0.5 - P(Z \geqq u)$
$$\fallingdotseq 0.5 - 0.1538$$
$$= 0.3462$$

ゆえに，正規分布表により　　$u \fallingdotseq 1.02$

よって，$\dfrac{X-296}{52} \fallingdotseq 1.02$ から　　$X \fallingdotseq 349.04$

答　**349 点**

9. 1 個のさいころを n 回投げて，1 の目が出る回数を X とする。

$\left| \dfrac{X}{n} - \dfrac{1}{6} \right| \leqq 0.03$ となる確率が 0.95 以上になるためには，n をどのくらい大きくするとよいか。10 未満を切り上げて答えよ。

指針 **二項分布の正規分布による近似**　X は二項分布 $B(n, p)$ に従い，n が大きいとき，近似的に正規分布 $N(np, npq)$ に従う$(q = 1 - p)$。

このとき，$Z = \dfrac{X - np}{\sqrt{npq}}$ とおくと，Z は標準正規分布 $N(0, 1)$ に従う。これを利用。

解答 X は確率変数で，二項分布 $B\left(n, \dfrac{1}{6}\right)$ に従い，X の期待値 m，分散 σ^2，標準偏差 σ は，それぞれ

$$m=\frac{n}{6}, \qquad \sigma^2=n\cdot\frac{1}{6}\cdot\frac{5}{6}=\frac{5n}{36}, \qquad \sigma=\sqrt{\frac{5n}{36}}=\frac{\sqrt{5n}}{6}$$

n が大きいとき，X は近似的に正規分布 $N(m, \sigma^2)$ に従うから，

$Z=\dfrac{X-m}{\sigma}$ は近似的に標準正規分布 $N(0, 1)$ に従う。

また　　$X=\sigma Z+m$

よって　$P\left(\left|\dfrac{X}{n}-\dfrac{1}{6}\right|\leqq 0.03\right)=P\left(\left|\dfrac{\sigma Z+m}{n}-\dfrac{1}{6}\right|\leqq 0.03\right)$

$\qquad\qquad\qquad\qquad\quad =P\left(\left|\dfrac{\sqrt{5n}}{6}\cdot\dfrac{Z}{n}+\dfrac{n}{6}\cdot\dfrac{1}{n}-\dfrac{1}{6}\right|\leqq 0.03\right)$

$\qquad\qquad\qquad\qquad\quad =P\left(\left|\dfrac{\sqrt{5}}{6\sqrt{n}}Z\right|\leqq 0.03\right)$

$\qquad\qquad\qquad\qquad\quad =P\left(|Z|\leqq\dfrac{6\sqrt{n}}{\sqrt{5}}\cdot 0.03\right)$

$\qquad\qquad\qquad\qquad\quad =2p\left(\dfrac{0.18\sqrt{n}}{\sqrt{5}}\right)$

$2p(u)=0.95$ すなわち $p(u)=0.475$ となる u の値は，正規分布表により

$\qquad\qquad u=1.96$

したがって，$\dfrac{0.18\sqrt{n}}{\sqrt{5}}\geqq 1.96$ であればよいから

$$\sqrt{n}\geqq\frac{1.96\times\sqrt{5}}{0.18}$$

すなわち　　$n\geqq\dfrac{1.96^2\times 5}{0.18^2}\fallingdotseq 593$

10 未満を切り上げて，n を **600 以上** にするとよい。　答

教 p.111

10. ある意見に対する賛成率は約 60 % と予想されている。この意見に対する賛成率を，信頼区間の幅が 4 % 以下になるように推定したい。信頼度 95 % で推定するには，何人以上抽出して調べればよいか。

指針 **母比率の推定**　標本比率を R とすると，母比率 p に対する信頼区間は

$$\left[R-1.96\sqrt{\frac{R(1-R)}{n}},\ R+1.96\sqrt{\frac{R(1-R)}{n}} \right]$$ で，その幅は

$$2\times1.96\sqrt{\frac{R(1-R)}{n}}$$

$R=0.6$ のとき，この幅が 4 ％以下になるような n の範囲を求める。

解答　賛成率に関する標本比率は $R=0.6$ と考えられる。

標本の大きさを n とすると，母比率 p に対する信頼度 95 ％の信頼区間は

$$\left[0.6-1.96\sqrt{\frac{0.6\times0.4}{n}},\ 0.6+1.96\sqrt{\frac{0.6\times0.4}{n}} \right]$$

その幅は　$2\times1.96\sqrt{\dfrac{0.6\times0.4}{n}}$ であるから

$$2\times1.96\sqrt{\frac{0.6\times0.4}{n}}\leqq0.04$$

これより　$n\geqq\dfrac{2^2\times1.96^2\times0.6\times0.4}{0.04^2}=2304.96$

したがって，**2305 人以上** 抽出して調べればよい。　答

教 p.111

11. ある高校で，生徒会の会長に A，B の 2 人が立候補した。選挙の直前に，全生徒の中から 100 人を無作為抽出し，どちらを支持するか調査したところ，59 人が A を支持し，41 人が B を支持した。全生徒 1200 人が投票するものとして，次の問いに答えよ。ただし，白票や無効票はないものとする。
   (1)　A の得票数を信頼度 95 ％で推定せよ。
   (2)　A の支持率の方が高いと判断してよいか。有意水準 5 ％で検定せよ。

指針 **得票数の推定，仮説検定**
   (1)　A を支持する標本比率を R とすると，A の支持率に対する信頼度 95 ％の信頼区間は $\left[R-1.96\sqrt{\dfrac{R(1-R)}{100}},\ R+1.96\sqrt{\dfrac{R(1-R)}{100}} \right]$
   (2)　A の支持率を p とする。$p=0.5$ という仮説を立てる。仮説が正しいとすると，A を支持した人数 X は二項分布 $B(100,\ 0.5)$ に従う。

解答 (1) Aを支持する標本比率は $\dfrac{59}{100} = 0.59$

ゆえに $1.96\sqrt{\dfrac{0.59 \times 0.41}{100}} \fallingdotseq 0.096$

よって $0.59 - 0.096 = 0.494,\ 0.59 + 0.096 = 0.686$

ゆえに，Aの支持率に対する信頼度95%の信頼区間は $[0.494,\ 0.686]$

$1200 \times 0.494 = 592.8, \qquad 1200 \times 0.686 = 823.2$

したがって，求める信頼区間は **[593, 823] ただし，単位は票** 答

(2) Aの支持率を p とする。Aの支持率の方が高いならば，$p > 0.5$ である。

$p \geqq 0.5$ を前提として「Aの支持率はBより高くない」，すなわち $p = 0.5$ という仮説を立てる。この仮説が正しいとするとき，100人のうちAを支持した人数 X は，二項分布 $B(100,\ 0.5)$ に従う。

X の期待値は $100 \times 0.5 = 50$，標準偏差は $\sqrt{100 \times 0.5 \times 0.5} = 5$

よって，$Z = \dfrac{X-50}{5}$ は近似的に標準正規分布 $N(0,\ 1)$ に従う。

正規分布表より $P(0 \leqq Z \leqq 1.64) \fallingdotseq 0.45$ であるから，有意水準5%の棄却域は $Z \geqq 1.64$

$X = 59$ のとき $Z = \dfrac{59-50}{5} = 1.8$ であり，この値は棄却域に入るから，仮説は棄却できる。

すなわち，**Aの支持率の方がBより高いと判断してよい。** 答

第**3**章 | 数学と社会生活

① 数学を活用した問題解決

A 数学を活用した考察の方法

教 p.116

練習
1

地球の中心を O とする。

教科書 116 ページの問題について，
次の問いに答えよ。

(1) x が最大となるように P の位置
を定めるとき，∠OPT を求めよ。

(2) x の最大値を求めよ。

　ただし，小数第 1 位を四捨五入し，
整数で答えよ。

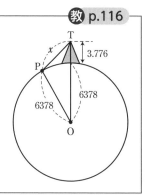

指針 富士山の山頂が見える距離の最大

(1) 問題文の図において，線分 PT が円 O と交わらない範囲で考える。

(2) 三平方の定理を利用する。

解答 (1) x が最大となるのは，直線 PT が円 O に接するときであるから

$$∠OPT＝90°　答$$

(2) (1)の場合の △OPT において，三平方の定理により

$$x＝\sqrt{OT^2-OP^2}$$
$$＝\sqrt{(6378+3.776)^2-6378^2}$$
$$＝219.5\cdots\cdots$$

　よって，求める x の最大値は　**220**　答

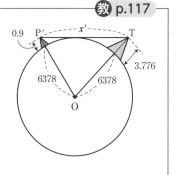

練習 2

教科書 115 ページ，117 ページの仮定 [1]，[2′]，[3]，[4] がすべて成り立つとする。富士山の山頂を見ることができる場所 P′ の標高を 0.9 km とし，線分 TP′ の長さを x' km とするとき，x' の最大値を求めよ。ただし，小数第 1 位を四捨五入し，整数で答えよ。

指針 **富士山の山頂が見える距離の最大**　問題文の図において，線分 P′T が円 O と交わらない範囲で考える。三平方の定理を利用して求める。

解答 x' が最大となるのは，直線 P′T が円 O と接するときである。

このとき，O から P′T に垂線 OH を引くと　OH＝6378

よって，△OHP′ と △OHT において，三平方の定理により

$$x' = P'H + HT$$
$$= \sqrt{OP'^2 - OH^2} + \sqrt{OT^2 - OH^2}$$
$$= \sqrt{(6378 + 0.9)^2 - 6378^2} + \sqrt{(6378 + 3.776)^2 - 6378^2}$$
$$= 326.6\cdots\cdots$$

よって，求める x' の最大値は　**327**　答

B 利益の予測

練習 3

1 冊あたりの製造費が 200 円である新雑誌 1 冊の価格を x 円，そのときの販売冊数を y 冊とする。新雑誌を 50000 冊発行したときの利益を，x，y を用いて表せ。

指針 **発行数と利益**　（売上金額）＝（1 冊の価格）×（販売冊数）
　　　　　　　　　　（利益）＝（売上金額）−（製造費）

解答 新雑誌 1 冊の価格が x 円，そのときの販売冊数が y 冊のときの売上金額は

$$xy \text{ 円}$$

50000 冊発行したときの製造費は

$$200 \times 50000 = 10000000 \text{ (円)}$$

よって，50000 冊発行したときの利益は

$$\boldsymbol{xy - 10000000} \text{ (円)}\quad 答$$

練習
4

教科書 119 ページの仮定
[1] のもと，アンケートの
4 つの選択肢の価格につい
て，右の表の空欄を埋めよ。

新雑誌 1 冊の価格(円)	アンケート結果(人)	販売予想冊数(冊)
900	48	48
700	154	
500	151	
300	147	

指針 **販売予想冊数**　例えば，900 円までなら購入したい人は，仮定 [1] より 700 円，500 円，300 円の新雑誌も購入する。したがって，700 円の新雑誌を購入したい人は (154＋48) 人。500 円，300 円の新雑誌についても同様に考える。

解答 販売予想冊数は，

700 円の新雑誌が　$154+48=202$ (人)
500 円の新雑誌が　$151+154+48=353$ (人)
300 円の新雑誌が　$147+151+154+48=500$ (人)

よって，**表の空欄の上から順に　202, 353, 500**　答

練習
5

教科書 119 ページの仮定 [1]，[2]，[3] のもとで，利益が最大となるように，新雑誌 1 冊の価格を 10 円単位で定めよ。また，そのときの販売予想冊数も求めよ。

指針 **利益が最大となる価格と販売冊数**　新雑誌 1 冊の価格が x 円，そのときの販売冊数が y 冊とすると，練習 3 より，利益は $xy-10000000$ （円）

また，仮定から　$y=-\dfrac{15000}{200}(x-300)+50000$

これらから y を消去すると，利益は x の 2 次式で表される。

解答 新雑誌 1 冊の価格が x 円，そのときの販売冊数が y 冊のとき，仮定から

$$y=-\frac{15000}{200}(x-300)+50000 \qquad \text{すなわち}\quad y=-75x+72500$$

よって，練習 3 の結果より，得られる利益は $xy-10000000$ （円）で表されるから

$$xy-10000000=x(-75x+72500)-10000000$$
$$=-75x^2+72500x-10000000 \text{（円）}$$

新雑誌の価格を 300 円から 900 円の 10 円単位で定めるとき，利益を $f(x)$ 円とすると

$$f(x) = -75x^2 + 72500x - 10000000 \quad (300 \leq x \leq 900)$$

変形すると $f(x) = -75\left(x - \dfrac{1450}{3}\right)^2 + 75 \cdot \left(\dfrac{1450}{3}\right)^2 - 10000000$

また $\dfrac{1450}{3} = 483.33\cdots\cdots$

価格 x は 300 円から 900 円の 10 円単位であるから，$f(x)$ は $x=480$ で最大値をとる。

よって，利益が最大となる価格は **480 円** 答

そのときの販売予想冊数は

$$y = -75x + 72500 = -75 \times 480 + 72500 = \mathbf{36500} \, (冊) \quad 答$$

C 電球の使用時間と費用

教 p.120

練習 6

教科書 120 ページにおいて，電球を 30 日だけ使用する場合，3 種類の電球のそれぞれについてかかる費用を求めよ。また，その結果をもとに，どの電球を購入すればよいか答えよ。

指針 **電球の使用時間と費用** それぞれの電球について
（電球 1 個の値段）＋（30 日の電気代）を調べる。

解答 各電球は，30 日間では $10 \times 30 = 300$ （時間）点灯する。
よって，どの電球を購入しても 1 個あれば 30 日間使用できる。

LED 電球を使用するときにかかる費用は

$$1500 + 1.89 \times 30 = \mathbf{1556.7} \, (円) \quad 答$$

電球型蛍光灯を使用するときにかかる費用は

$$700 + 2.97 \times 30 = \mathbf{789.1} \, (円) \quad 答$$

白熱電球を使用するときにかかる費用は

$$200 + 16.20 \times 30 = \mathbf{686} \, (円) \quad 答$$

したがって，電球を 30 日だけ使用する場合は，白熱電球を使用するときにかかる費用が最も安いから，**白熱電球を購入すればよい。** 答

教 p.121

練習 7

教科書 120 ページにおける電球型蛍光灯，LED 電球のそれぞれについて，使用時間が 6000 時間以下の場合について，使用時間と費用の関係をそれぞれグラフで表し，それを白熱電球に関するグラフに重ねてかけ。

指針 **電球の使用時間と費用の関係** 電球型蛍光灯の寿命は 6000 時間，LED 電球の寿命は 6000 時間以上であるから，グラフはどちらも一直線になる。

解答 電球型蛍光灯の寿命は 6000 時間，LED 電球の寿命は 6000 時間以上である。

電球型蛍光灯を 6000 時間使用する場合の費用は

$$700+2.97\times\frac{6000}{10}=2482 （円）$$

LED 電球を 6000 時間使用する場合の費用は

$$1500+1.89\times\frac{6000}{10}=2634 （円）$$

よって，グラフは右のようになる。 終

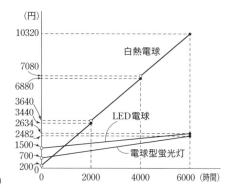

練習 8

教 p.121

教科書 120 ページの問題について，次の問いに答えよ。

(1) 電球を 600 日使用する場合，どの電球を購入すればよいか答えよ。

(2) 電球の使用時間によって，どの電球を購入するのがよいかを考察せよ。

指針 電球の使用時間と費用の関係
(1) 練習 7 のグラフを利用する。
(2) 600 日よりも長く使用する場合も含めてグラフを利用する。

解答 (1) 各電球は，600 日間では
10×600＝6000 時間点灯する。
練習 7 で求めたグラフより，
6000 時間における費用は，
電球型蛍光灯が最も安いから，
電球型蛍光灯を購入すればよい。 答

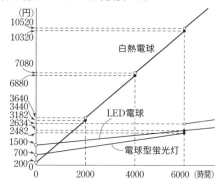

(2) 練習 7 で求めたグラフについて，6000 時間直後の場合を書き足すと，右のようになる。この図において，
時間 x における LED 電球の費用を $f(x)$，電球型蛍光灯の費用を $g(x)$，白熱電球の費用を $h(x)$ とする。

$g(x)=h(x)$ となるのは $0<x\leq2000$ のときである。

このとき　$g(x)=0.297x+700$，$h(x)=1.620x+200$

$g(x)=h(x)$ のとき $0.297x+700=1.620x+200$

これを解くと $x=\dfrac{500}{1.323}≒378$

また，$x=6000$ の前後で $f(x)$ と $g(x)$ の大小関係が変わる。

更に，使用時間が 6000 時間以上の場合も含めた，使用時間と費用の関係
のグラフは次の図のようになる。

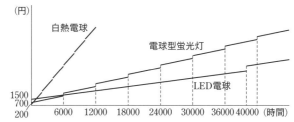

図から，$x>6000$ において $f(x)$，$g(x)$，$h(x)$ の大小関係が変わることは
ない。

以上から $0<x≦378$ のとき $h(x)$ が最小

　　　　　　 $378≦x≦6000$ のとき $g(x)$ が最小

　　　　　　 $6000<x$ のとき $f(x)$ が最小

よって，**378 時間以下使用するときは白熱電球,**

　　　　　378 時間以上 6000 時間以下使用するときは電球型蛍光灯,

　　　　　6000 時間より長く使用するときは LED 電球

を購入するのがよい。 答

D シェアサイクルの自転車の推移

教 p.124

練習
9

教科書 123 ページの [1]，[2] の仮定のもと，n 日目終了後の A，
B にある自転車の，総数に対する割合を，それぞれ a_n，b_n とする。
1 日目開始前の A，B にある自転車の台数の割合を，それぞれ a，
b とする。ただし，a，b は $0≦a≦1$，$0≦b≦1$，$a+b=1$ を満たす
実数である。

(1) a_1，b_1 を，a，b を用いてそれぞれ表せ。

(2) a_{n+1}，b_{n+1} は，a_n，b_n を用いて次のように表すことができる。
次のア〜エに当てはまる数を答えよ。

$a_{n+1}=\boxed{　ア　}a_n+\boxed{　イ　}b_n$，　$b_{n+1}=\boxed{　ウ　}a_n+\boxed{　エ　}b_n$

(3) $a=0.8$，$b=0.2$ のとき，a_3，b_3 を求めよ。

指針 **シェアサイクルの自転車の推移**

(1) 1日目終了後の A にある自転車の台数は，A から貸し出され A に返却された自転車の台数と B から貸し出され A に返却された自転車の台数の和である。

1日目終了後の B にある自転車の台数は，A から貸し出され B に返却された自転車の台数と B から貸し出され B に返却された自転車の台数の和である。

(2) (1)と同様に考える。

(3) (1)，(2)の結果を利用する。

解答 (1) 1日目終了後の A にある自転車の台数は，A から貸し出され A に返却された自転車の台数と B から貸し出され A に返却された自転車の台数の和である。よって $a_1 = 0.7a + 0.4b$ 答

1日目終了後の B にある自転車の台数は，A から貸し出され B に返却された自転車の台数と B から貸し出され B に返却された自転車の台数の和である。よって $b_1 = 0.3a + 0.6b$ 答

(2) (1)と同様に考えると

$$a_{n+1} = 0.7a_n + 0.4b_n, \quad b_{n+1} = 0.3a_n + 0.6b_n$$

答 (ア) **0.7** (イ) **0.4** (ウ) **0.3** (エ) **0.6**

(3) $a = 0.8$，$b = 0.2$ のとき，(1)，(2) より

$a_1 = 0.7a + 0.4b = 0.7 \times 0.8 + 0.4 \times 0.2 = 0.64$

$b_1 = 0.3a + 0.6b = 0.3 \times 0.8 + 0.6 \times 0.2 = 0.36$

$a_2 = 0.7a_1 + 0.4b_1 = 0.7 \times 0.64 + 0.4 \times 0.36 = 0.592$

$b_2 = 0.3a_1 + 0.6b_1 = 0.3 \times 0.64 + 0.6 \times 0.36 = 0.408$

$a_3 = 0.7a_2 + 0.4b_2 = 0.7 \times 0.592 + 0.4 \times 0.408 = \mathbf{0.5776}$ 答

$b_3 = 0.3a_2 + 0.6b_2 = 0.3 \times 0.592 + 0.6 \times 0.408 = \mathbf{0.4224}$ 答

練習 10　**教** **p.124**

教科書 124 ページの練習 9 の a，b の値を変化させたとき，n が大きくなるにつれて，a_n，b_n の値がどのようになるかを，練習 9 で考えた関係式やコンピュータなどを用いて考察せよ。

指針 **シェアサイクルの自転車の推移**　a，b の値を定めて，実際に n の値を大きくしていったときの a_n，b_n の値を確認する。

解答 練習 9(2) の式 $a_{n+1} = 0.7a_n + 0.4b_n$，$b_{n+1} = 0.3a_n + 0.6b_n$ において，例えば，[1] $a = 0.8$，$b = 0.2$，[2] $a = 0.4$，$b = 0.6$ として，n を大きくしたときの a_n，b_n が近づく値をコンピュータを用いて調べると，次の表のようになる。

[1]

	a_n	b_n
$n=1$	0.64	0.36
$n=2$	0.592	0.408
$n=3$	0.5776	0.4224
$n=4$	0.57328	0.42672
$n=5$	0.571984	0.428016
$n=6$	0.571595	0.428405
$n=7$	0.571479	0.428521
$n=8$	0.571444	0.428556
$n=9$	0.571433	0.428567
$n=10$	0.571430	0.428570
$\vdots$	$\vdots$	$\vdots$

[2]

	a_n	b_n
$n=1$	0.52	0.48
$n=2$	0.556	0.444
$n=3$	0.5668	0.4332
$n=4$	0.57004	0.42996
$n=5$	0.571012	0.428988
$n=6$	0.571304	0.428696
$n=7$	0.571391	0.428609
$n=8$	0.571417	0.428583
$n=9$	0.571425	0.428575
$n=10$	0.571428	0.428572
$\vdots$	$\vdots$	$\vdots$

このように，a，b の値によらず，n が大きくなるにつれて，a_n，b_n はある一定の値に近づいていくと考えられる。　終

練習 11

教 p.125

教科書 123 ページにおいて，A，B で合計 42 台の自転車を貸し出すことを考える。1 日目開始前の A，B にある自転車の台数をそれぞれ 24 台，18 台とする。

このとき，n 日目終了後の A，B にある自転車の台数を求めよ。また，この結果は何を表しているか答えよ。

指針 シェアサイクルの自転車の推移

練習 9 において，$a=\dfrac{24}{24+18}$，$b=\dfrac{18}{24+18}$ として求める。

解答 教科書 123 ページの [1]，[2] の仮定のもと，n 日目終了後の A，B にある自転車の，総数に対する割合を，それぞれ a_n，b_n とする。

1 日目開始前の A，B にある自転車の台数の割合を，それぞれ a，b とすると

$$a=\frac{24}{42}=\frac{4}{7}, \quad b=\frac{18}{42}=\frac{3}{7}$$

よって

$$a_1=0.7a+0.4b=\frac{7}{10}\cdot\frac{4}{7}+\frac{4}{10}\cdot\frac{3}{7}=\frac{4}{7}$$

$$b_1=0.3a+0.6b=\frac{3}{10}\cdot\frac{4}{7}+\frac{6}{10}\cdot\frac{3}{7}=\frac{3}{7}$$

したがって，1日目終了後の A にある自転車の台数は

$$42 \times \frac{4}{7} = 24 \text{（台）}$$

B にある自転車の台数は

$$42 \times \frac{3}{7} = 18 \text{（台）}$$

$a_{n+1} = 0.7a_n + 0.4b_n$，$b_{n+1} = 0.3a_n + 0.6b_n$ であるから，上と同様にして

   n 日目終了後の A にある自転車の台数は　24 台,

              B にある自転車の台数は　18 台　圏

この結果は，

A，B にある自転車の台数はそれぞれ常に 24 台，18 台であることを表している。 圏

教 p.125

**練習
12**

教科書 123 ページにおいて，A，B で合計 42 台の自転車を貸し出すとき，A の最大収容台数を，次の手順 ①，②，③ で考察せよ。

①　教科書 123 ページの仮定 [2] の割合を，次の表のように A に返却される台数が最も多いときの割合に変更する。

	A に返却	B に返却
A から貸出	0.9	0.1
B から貸出	0.6	0.4

←社会実験の結果のうち，
A に返却される台数が
最も多いときの割合

②　練習 9 と同様に，a_n，b_n についての関係式を立てる。

③　② を用いて a_n，b_n の値の変化を調べ，最大収容台数を求める。

また，教科書 123 ページの仮定 [2] の割合を，社会実験の結果のうち，B に返却される台数が最も多いときの割合に変更して，B の最大収容台数を求めよ。

指針 **シェアサイクルの自転車の推移**　練習 10 と同様にして，A の最大収容台数，B の最大収容台数をそれぞれ求める。

解答 （A の最大収容台数について）

②　① より

    $a_{n+1} = 0.9a_n + 0.6b_n$，$b_{n+1} = 0.1a_n + 0.4b_n$

③　a_n，b_n の値をコンピュータで順に求めると，a，b の値によらず，a_n は 0.857，b_n は 0.143 に近づく。

   よって，**A の最大収容台数は**

    $42 \times 0.857 = 35.994 \fallingdotseq \mathbf{36}$ **（台）**　圏

...

...

...

（Bの最大収容台数について）

① 仮定 [2] の割合を，次の表のように変更する。

	A に返却	B に返却
A から貸出	0.5	0.5
B から貸出	0.2	0.8

② ① より

$$a_{n+1}=0.5a_n+0.2b_n, \quad b_{n+1}=0.5a_n+0.8b_n$$

③ a_n, b_n の値をコンピュータで順に求めると，a, b の値によらず，a_n は 0.286，b_n は 0.714 に近づく。

よって，Bの最大収容台数は

$$42 \times 0.714 = 29.988 \fallingdotseq 30 \text{（台）} \quad \text{答}$$

2 社会の中にある数学

まとめ

1 偏差値

① 変量 x について，その平均値 $\bar{x}$ と標準偏差 s_x を用いて，$z = \dfrac{x-\bar{x}}{s_x}$ として新しい変量 z を作る。このとき，$\bar{x}$ や s_x がどのような値であっても，z の平均値は 0，z の標準偏差は 1 となる。

一般的には，$10z+50$ を変量とする **偏差値** が用いられることが多い。

変量 x のデータについて，あるデータの値 x_k の偏差値は，

$10 \times \dfrac{x_k-\bar{x}}{s_x} + 50$ で求められる。

2 スポーツの採点競技

① スポーツの採点競技では，極端な点数をつける審判の影響を小さくするために，得点の高い順に並べたときに採点の高い方と低い方からともに同数ずつ除外した残りの平均を用いることがある。このように，データを値の大きさの順に並べたときに，データの両側から同じ個数だけ除外した後でとる平均のことを **トリム平均** または **調整平均** という。

② データの両側から個数の x % ずつ除外した後でとる平均を **x % トリム平均** と呼ぶこともある。

A 選挙における議席配分

練習
13

教科書 126 ページの問題について，各選挙区に最大剰余方式で議席を割り振れ。

指針 **選挙における議席配分** d で割った値について，切り捨てた値の大小を調べ，大きい方から 2 つの選挙区に 1 議席ずつ割り振る。

解答 各選挙区の人口を d で割った値の議席を各選挙区に割り振ると，順に 5, 3, 3, 2 で，その和は 13 であるから，残り 2 議席が余る。

各選挙区の人口を d で割った値について，切り捨てた値は，順に

$$0.357\cdots\cdots,\quad 0.75,\quad 0.428\cdots\cdots,\quad 0.464\cdots\cdots$$

であるから，残りの 2 議席は第 2 選挙区と第 4 選挙区に割り振ればよい。

よって，**各選挙区の議席数の割り振りは，順に　5, 4, 3, 3**　答

練習
14

教科書 126 ページの問題で議席総数を 16 としたとき，各選挙区に最大剰余方式で議席を割り振れ。また，練習 13 の結果と比べて，気づいたことを答えよ。

指針 **選挙における議席配分** 練習 13 と同様に計算する。

解答 総人口 140000 人を議席総数 16 で割った値 d は

$$d = \frac{140000}{16} = 8750$$

各選挙区の人口を d で割った値は

第 1 選挙区　　$50000 \div d = 50000 \times \dfrac{16}{140000} = \dfrac{40}{7} = 5.714\cdots\cdots$

第 2 選挙区　　$35000 \div d = 35000 \times \dfrac{16}{140000} = 4$

第 3 選挙区　　$32000 \div d = 32000 \times \dfrac{16}{140000} = \dfrac{128}{35} = 3.657\cdots\cdots$

第 4 選挙区　　$23000 \div d = 23000 \times \dfrac{16}{140000} = \dfrac{92}{35} = 2.628\cdots\cdots$

ここで，各値の小数点以下を切り捨てた値は，順に 5, 4, 3, 2 で，その和は 14 であるから，残り 2 議席が余る。

各選挙区の人口を d で割った値について，切り捨てた値は，順に

$$0.714\cdots\cdots,\quad 0,\quad 0.657\cdots\cdots,\quad 0.628\cdots\cdots$$

であるから，残りの 2 議席は第 1 選挙区と第 3 選挙区に割り振ればよい。

よって，**各選挙区の議席数の割り振りは，順に　6, 4, 4, 2**　答

また，練習 13 の結果と比べると，例えば次のようなことがわかる。

・議席総数を増やしたにもかかわらず，第 4 選挙区の議席数が減っている。

・議席総数が変わると，手順 ② で切り捨てた値の大きさが変わるため，残りの議席を割り振る選挙区も変わる。　終

練習
15

教科書 126 ページの問題で議席総数を 16 としたとき，各選挙区にアダムズ方式で議席を割り振れ。

指針　**選挙における議席配分**　教科書 129 ページの例 1 と同様にする。

解答　① 　総人口 140000 人を議席総数 16 で割った値 d は

$$d = \frac{140000}{16} = 8750$$

② 　各選挙区の人口を d で割った値は

第 1 選挙区について　　$50000 \div d = 50000 \times \dfrac{16}{140000} = \dfrac{40}{7} = 5.714\cdots\cdots$

第 2 選挙区について　　$35000 \div d = 35000 \times \dfrac{16}{140000} = 4$

第 3 選挙区について　　$32000 \div d = 32000 \times \dfrac{16}{140000} = \dfrac{128}{35}$

$$= 3.657\cdots\cdots$$

第 4 選挙区について　　$23000 \div d = 23000 \times \dfrac{16}{140000} = \dfrac{92}{35} = 2.628\cdots\cdots$

この計算結果の小数点以下を切り上げて整数にする。

第 1 選挙区は　　6,　　　第 2 選挙区は　　4,

第 3 選挙区は　　4,　　　第 4 選挙区は　　3

③ 　②の結果，議席数の合計は 17 となり議席総数 16 より多くなってしまうため，d とは異なる値 d' を決め，再度手順 ② の計算を行う。ここでは，$d' = 10000$ としてみる。

第 1 選挙区について　　$50000 \div d' = 5$

第 2 選挙区について　　$35000 \div d' = 3.5$

第 3 選挙区について　　$32000 \div d' = 3.2$

第 4 選挙区について　　$23000 \div d' = 2.3$

この計算結果の小数点以下を切り上げて整数にする。

第 1 選挙区は　　5,　　　第 2 選挙区は　　4,

第 3 選挙区は　　4,　　　第 4 選挙区は　　3

④ 　この値の合計は 16 となるから，この値を議席数とすればよい。

よって，**各選挙区の議席数の割り振りは，順に　5，4，4，3**　答

3
章

数学と社会生活

深める　議席を割り振る方法を他にも調べ，それぞれの方法を比較してみよう。

指針　**選挙における議席配分**　方法によって，結果が異なる場合がある。

解答　(例1)　「ジェファーソン方式」

アダムズ方式の手順 ② において，各選挙区の人口を d で割った値が整数でない場合は小数点以下を切り捨てて整数にする。

例えば，教科書 126 ページの問題について，各選挙区の人口を

$d = \dfrac{140000}{15} = 9333.33\cdots\cdots$ で割った各値の小数点以下を切り捨てた値は

5，3，3，2 で，その和は 13 であり，これは議席総数 15 と異なる。

$d' = 8300$ とすると，各選挙区の人口を d' で割った値は

第 1 選挙区が　6.024……，　　第 2 選挙区が　4.216……，
第 3 選挙区が　3.855……，　　第 4 選挙区が　2.771……

となり，各値の小数点以下を切り捨てた値は 6，4，3，2 で，その和は 15 であり，これは議席総数 15 と一致する。

(例2)　「ウェブスター方式」

アダムズ方式の手順 ② において，各選挙区の人口を d で割った値が整数でない場合は小数第 1 位を四捨五入して整数にする。

例えば，教科書 126 ページの問題について，各選挙区の人口を d で割った値の小数第 1 位を四捨五入した値は 5，4，3，2 で，その和は 14 であり，これは議席総数 15 と異なる。

$d' = 9200$ とすると，各選挙区の人口を d' で割った値は

第 1 選挙区が　5.434……，　　第 2 選挙区が　3.804……
第 3 選挙区が　3.478……，　　第 4 選挙区が　2.5

ここで，各値の小数第 1 位を四捨五入した値は 5，4，3，3 で，その和は 15 であり，これは議席総数 15 と一致する。

(例3)　「ドント方式」　次の手順で議席を割り振る。

①　各選挙区の人口を 1，2，3，…… で割っていく。
②　各選挙区のそれぞれの商のうち，大きいものから順に議席数と同じ数だけ選ぶ。
③　各選挙区に対して，選んだ数の個数を議席として割り振る。

例えば，教科書 126 ページの問題について，各選挙区の人口を 1，2，3，…… で割った数のうち，大きいものから順に 15 個の数を選ぶと，順に次の表の [1]〜[15] のようになる。

選挙区 割る数	第1選挙区 (50000)	第2選挙区 (35000)	第3選挙区 (32000)	第4選挙区 (23000)
1	50000 [1]	35000 [2]	32000 [3]	23000 [5]
2	25000 [4]	17500 [6]	16000 [8]	11500 [11]
3	16666 [7]	11666 [10]	10666 [12]	7666
4	12500 [9]	8750 [14]	8000	5750
5	10000 [13]	7000	6400	4600
6	8333 [15]	5833	5333	3833

各選挙区に対して，[1]〜[15] の数は，順に 6 個，4 個，3 個，2 個ずつある。よって，議席数の割り振りを順に 6，4，3，2 とすることで議席を割り振ることができる。 終

B 偏差値

練習 16

変量 y のデータは次の n 個の値である。
$$y_1 = ax_1 + b,\quad y_2 = ax_2 + b,\quad \cdots\cdots,\quad y_n = ax_n + b$$
新しい変量 y について，変量 y の平均値 $\overline{y}$，分散 $s_y{}^2$，標準偏差 s_y がそれぞれ，$\overline{y} = a\overline{x} + b$，$s_y{}^2 = a^2 s_x{}^2$，$s_y = |a| s_x$ であることを示せ。

指針 **新しい変量 y の平均値，分散，標準偏差**

$\overline{y} = \dfrac{1}{n}(y_1 + y_2 + \cdots\cdots + y_n)$ である。この右辺が $a\overline{x} + b$ となることを示す。

$s_y{}^2 = \dfrac{1}{n}\{(y_1 - \overline{y})^2 + (y_2 - \overline{y})^2 + \cdots\cdots + (y_n - \overline{y})^2\}$ である。

この右辺が $a^2 s_x{}^2$ と表されることを示す。

解答 $\overline{y} = \dfrac{1}{n}(y_1 + y_2 + \cdots\cdots + y_n) = \dfrac{1}{n}\{(ax_1 + b) + (ax_2 + b) + \cdots\cdots + (ax_n + b)\}$

$\qquad = \dfrac{1}{n}\{a(x_1 + x_2 + \cdots\cdots + x_n) + nb\} = a \cdot \dfrac{1}{n}(x_1 + x_2 + \cdots\cdots + x_n) + b$

よって $\overline{y} = a\overline{x} + b$

また $y_k - \overline{y} = ax_k + b - (a\overline{x} + b) = a(x_k - \overline{x})$

よって，変量 y のデータの分散 $s_y{}^2$ は

$\qquad s_y{}^2 = \dfrac{1}{n}\{(y_1 - \overline{y})^2 + (y_2 - \overline{y})^2 + \cdots\cdots + (y_n - \overline{y})^2\}$

$\qquad\quad = \dfrac{1}{n}\{a^2(x_1 - \overline{x})^2 + a^2(x_2 - \overline{x})^2 + \cdots\cdots + a^2(x_n - \overline{x})^2\}$

$\qquad\quad = a^2 \cdot \dfrac{1}{n}\{(x_1 - \overline{x})^2 + (x_2 - \overline{x})^2 + \cdots\cdots + (x_n - \overline{x})^2\}$

よって　　$s_y{}^2=a^2 s_x{}^2$

したがって，変量 y のデータの標準偏差 s_y は　$s_y=|a|s_x$　終

練習 17

あるクラスで行われた国語と英語の試験の得点のデータについて，右の表のような結果が得られたとする。A さんの国語と英語の得点がそれぞれ 50 点，70 点であったとき，どちらの教科が全体における相対的な順位が高いと考えられるか。

	国語	英語
平均値	40	60
標準偏差	10	20

指針　**偏差値の利用**　国語と英語の得点の偏差値の大きい方が順位が高い。

解答　A さんの国語と英語の得点の偏差値は次のようになる。

$$国語：10\times\frac{50-40}{10}+50=60, \qquad 英語：10\times\frac{70-60}{20}+50=55$$

よって，**国語の方が全体における相対的な順位が高いと考えられる。** 答

C　スポーツの採点競技

練習 18

ある合唱コンクールでは，10 人の審査員による採点が行われる。次の表は，3 つの合唱団 A，B，C の採点結果である。20 % トリム平均が最も高い合唱団が優勝する場合，どの合唱団が優勝するか答えよ。

	①	②	③	④	⑤	⑥	⑦	⑧	⑨	⑩
A	4	5	4	5	4	7	4	10	4	8
B	3	5	8	3	8	3	3	9	8	5
C	1	7	6	6	5	5	6	6	7	6

（単位は点）

指針　**20 % トリム平均**　3 つの合唱団の点数を高い順，または低い順に並べ，両側から 2 つずつ除外した残りの 6 つの平均値を比較する。

解答　A，B，C の採点結果を高い順に並べると次のようになる。

A　10, 8, 7, 5, 5, 4, 4, 4, 4, 4
B　9, 8, 8, 8, 5, 5, 3, 3, 3, 3
C　7, 7, 6, 6, 6, 6, 6, 5, 5, 1

両側から 20 % ずつ，すなわち，2 つずつ除外した残りの 6 つの平均値は

A　$\dfrac{7+5+5+4+4+4}{6}=4.83\cdots\cdots,$　B　$\dfrac{8+8+5+5+3+3}{6}=5.33\cdots\cdots,$

$$C \quad \frac{6+6+6+6+6+5}{6}=5.83\cdots\cdots \qquad \text{よって，Cが優勝する。} \quad 答$$

3 変化をとらえる　〜移動平均〜

まとめ

1　移動平均

① 年ごとのある月の平均気温や，月ごとの飲食店の売上額など，1つの項目について，時間に沿って集めたデータを **時系列データ** という。

② 時系列データに対して，各時点のデータを，その時点を含む過去の n 個のデータの平均値でおき換えたものを **移動平均** という。

A 移動平均

教 p.136

練習
19

下の表は，1971 年から 2020 年までの 50 年間について，東京の 8 月の平均気温をまとめたものである。このデータについて，5 年移動平均を求め，もとの気温のグラフとあわせて折れ線グラフに表してみよう。

年	平均気温	年	平均気温	年	平均気温	年	平均気温	年	平均気温
1971	26.7	1981	26.2	1991	25.5	2001	26.4	2011	27.5
1972	26.6	1982	27.1	1992	27.0	2002	28.0	2012	29.1
1973	28.5	1983	27.5	1993	24.8	2003	26.0	2013	29.2
1974	27.1	1984	28.6	1994	28.9	2004	27.2	2014	27.7
1975	27.3	1985	27.9	1995	29.4	2005	28.1	2015	26.7
1976	25.1	1986	26.8	1996	26.0	2006	27.5	2016	27.1
1977	25.0	1987	27.3	1997	27.0	2007	29.0	2017	26.4
1978	28.9	1988	27.0	1998	27.2	2008	26.8	2018	28.1
1979	27.4	1989	27.1	1999	28.5	2009	26.6	2019	28.4
1980	23.4	1990	28.6	2000	28.3	2010	29.6	2020	29.1

(気象庁ホームページより作成，平均気温の単位は ℃)

指針 **移動平均**　5 年移動平均は，その年を含めて過去 5 年のデータの平均値を考える。例えば，1971 年から 1975 年の 5 年分の平均値は

$$\frac{1}{5}(26.7+26.6+28.5+27.1+27.3)=27.24$$

この値を 1975 年のデータとおき換える。

解答 5年移動平均をまとめると，次の表のようになる。

年	5年移動平均	年	5年移動平均	年	5年移動平均	年	5年移動平均	年	5年移動平均
1971	26.7	1981	26.18	1991	27.10	2001	27.48	2011	27.90
1972	26.6	1982	26.60	1992	27.04	2002	27.68	2012	27.92
1973	28.5	1983	26.32	1993	26.60	2003	27.44	2013	28.40
1974	27.1	1984	26.56	1994	26.96	2004	27.18	2014	28.62
1975	27.24	1985	27.46	1995	27.12	2005	27.14	2015	28.04
1976	26.92	1986	27.58	1996	27.22	2006	27.36	2016	27.96
1977	26.60	1987	27.62	1997	27.22	2007	27.56	2017	27.42
1978	26.68	1988	27.52	1998	27.70	2008	27.72	2018	27.20
1979	26.74	1989	27.22	1999	27.62	2009	27.60	2019	27.34
1980	25.96	1990	27.36	2000	27.40	2010	27.90	2020	27.82

（気象庁ホームページより作成，平均気温の単位は ℃）

よって，グラフは右のようになる。

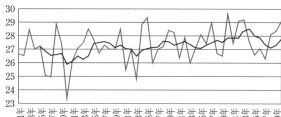

—— 平均気温　　—— 5年移動平均

B 移動平均のグラフ

教 p.139

練習 20

次の ①〜④ の文章は移動平均について述べた文章である。これらの文章のうち，正しいものをすべて選べ。

① 時系列データの折れ線グラフが変動の小さいグラフであれば，その移動平均を表す折れ線グラフも変動の小さいグラフである。

② 時系列データの折れ線グラフが変動の激しいグラフであれば，その移動平均を表す折れ線グラフも変動の激しいグラフである。

③ 移動平均を表す折れ線グラフが変動の小さいグラフであれば，もとの時系列データの折れ線グラフも変動の小さいグラフである。

④ 移動平均が常に増加している期間は，もとのデータの値も常に増加している。

指針 **移動平均のグラフ** いろいろな時系列データを想定し，それぞれの場合に移動平均がどのように表されるかを考える。

解答 ① 正しい。

② もとの時系列データの変動が激しくても，例えば，周期的に激しく変動するデータでは，その周期と同じ期間の移動平均の変動は激しくない場合がある。よって，正しくない。

③ 変動の激しい時系列データで，移動平均をとると，変動が小さくなる場合がある。よって，正しくない。

④ 時系列データが常に増加していない場合でも，移動平均を取る期間のデータの総和が増加していれば，移動平均は増加する。したがって，移動平均が増加していても，もとの時系列データが常に増加しているとは限らない。よって，正しくない。

以上より，常に正しいのは ① 答

4 変化をとらえる 〜回帰分析〜

まとめ

1 回帰直線

① 2つの変量 x, y の関係が最もよく当てはまると考えられる1次関数が $y=ax+b$ であるとき，直線 $y=ax+b$ を **回帰直線** という。

2 最小2乗法

① 2つの変量 x, y のデータが，次のように与えられているとする。

$$(x_1,\ y_1),\ (x_2,\ y_2),\ (x_3,\ y_3),\ (x_4,\ y_4),\ (x_5,\ y_5)$$

x と y に直線的な相関関係があるとき，散布図の点は回帰直線の近くに分布する。

各点 $(x_k,\ y_k)$ が，$y=ax+b$ で表される直線上にあるとすると $y_k=ax_k+b$ であるが，実際のデータでは，ほとんどの場合 $y_k \neq ax_k+b$ である。

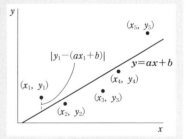

そこで，y_k と ax_k+b の差の2乗の和

$$\{y_1-(ax_1+b)\}^2+\{y_2-(ax_2+b)\}^2+\cdots\cdots+\{y_5-(ax_5+b)\}^2$$

が最小となるように a, b を定め，直線 $y=ax+b$ を x, y の関係を近似する直線と考える。この直線 $y=ax+b$ が回帰直線の1つである。

このような回帰直線の求め方を，**最小2乗法** という。

② 変量 x, y の間の関係をデータから統計的に推測する方法を **回帰分析** という。

右側余白：3章 数学と社会生活

3 変量 x, y の関係を近似する関係

① 2つの変量 x と y の関係を近似的に関数で表すとき，1次関数が最も適するとは限らず，2次曲線や他の関数を用いる方がよい場合もある。

4 対数目盛

① 範囲が大きいデータは，散布図の目盛を **対数目盛** にすると分析しやすくなる場合がある。

② 対数目盛とは，次のように目盛を定めるものである。

・10^n（n は整数）の目盛を等間隔にとる。この間隔の長さを1とする。

・10^n と 10^{n+1} の間に，$m \times 10^n$（$m = 2, 3, \dots\dots, 9$）の目盛を，10^n と $m \times 10^n$ の間隔が $\log_{10} m$ になるようにとる。

A 回帰直線

練習 21 教科書 140 ページの散布図から，平均気温とアイスクリーム・シャーベットの支出額の関係について，どのようなことがいえるか説明せよ。 <img right>教 p.140

指針 **散布図による分析** 散布図の特徴をつかむ。
点は右上がりの傾向があるから，そのことについて説明する。

解答 ・平均気温が高くなるほど，アイスクリーム・シャーベットの支出額が高くなる傾向がみられる。
・平均気温とアイスクリーム・シャーベットの支出額の間には正の相関関係がある。
・点が1つの直線の近くに分布しているように見える。 圏

練習 22 東京において，平均気温が 22.0 ℃ である月の1世帯あたりのアイスクリーム・シャーベットの支出額を，教科書 $p.141$ の回帰直線を利用して予測せよ。ただし，小数第1位を四捨五入して答えよ。 <img right>教 p.141

指針 **回帰直線の利用** 教科書 141 ページにある，平均気温 x ℃，支出額 y 円としたときの回帰直線の式を利用する。

解答 $y = 36.43x + 191.72$ に $x = 22$ を代入して
$$y = 36.43 \times 22 + 191.72 = 993.18$$
したがって，1世帯あたりのアイスクリーム・シャーベットの支出額は
約 993 円と予測される。 圏

B 最小2乗法

練習 23

右の表は，同じ種類の5本の木の太さ x (cm) と高さ y (m) を測定した結果である。

木の番号	1	2	3	4	5
x	22	27	29	19	33
y	13	15	18	14	20

(1) 2つの変量 x，y の散布図をかけ。

(2) 2つの変量 x，y の回帰直線を表す1次関数を求めよ。また，その回帰直線を (1) の散布図に重ねてかけ。

指針 **回帰直線** 2つの変量 x，y のデータの値の組が n 個与えられたとき，最小2乗法による回帰直線 $y=ax+b$ の a，b の値は，次のように求めることができる。

x，y のデータの平均値を $\bar{x}$，$\bar{y}$，分散を $s_x{}^2$，$s_y{}^2$，x と y の相関係数を r とするとき $\quad a=\dfrac{s_y}{s_x}r,\quad b=\bar{y}-a\bar{x}$

解答 (1) 散布図は右の図のようになる。 終

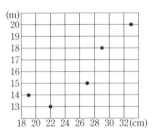

(2) x，y のデータの平均値は

$$\bar{x}=\frac{130}{5}=26,\qquad \bar{y}=\frac{80}{5}=16$$

番号	x	y	$x-\bar{x}$	$y-\bar{y}$	$(x-\bar{x})(y-\bar{y})$	$(x-\bar{x})^2$	$(y-\bar{y})^2$
1	22	13	-4	-3	12	16	9
2	27	15	1	-1	-1	1	1
3	29	18	3	2	6	9	4
4	19	14	-7	-2	14	49	4
5	33	20	7	4	28	49	16
計	130	80			59	124	34

上の表から $\quad s_x{}^2=\dfrac{124}{5},\quad s_y{}^2=\dfrac{34}{5},\quad s_{xy}=\dfrac{59}{5}$

よって

$$a = \frac{s_y}{s_x}r = \frac{s_y}{s_x} \cdot \frac{s_{xy}}{s_x s_y} = \frac{s_{xy}}{s_x{}^2}$$

$$= \frac{59}{5} \div \frac{124}{5} = \frac{59}{124} = 0.475\cdots\cdots$$

$$b = \overline{y} - a\overline{x} = 16 - \frac{59}{124} \times 26 = \frac{225}{62} = 3.629\cdots\cdots$$

したがって $a = 0.48$, $b = 3.63$

ゆえに, 求める1次関数は

$$\boldsymbol{y = 0.48x + 3.63}$$ 答

更に, (1)の散布図に回帰直線を重ねて
かくと右の図のようになる。 終

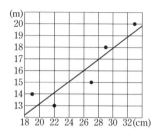

C 変量 x, y の関係を近似する関数

練習
24

教科書 144 ページの表の速度と空
走距離, 速度と停止距離について
も散布図をかいて, それぞれ 2 つ
の変量の関係を分析してみよう。

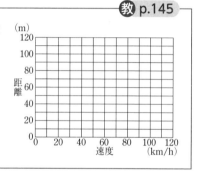

指針 **変量 x, y の関係を近似する関数** それぞれの散布図について, どの関数で
近似するのがより適切であるかを分析する。

解答

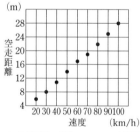
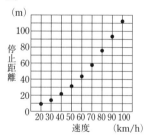

速度と空走距離の間には, 1 次関数で近似できるような直線的な関係がある
ように見える。

速度と停止距離の間の関係は, 1 次関数よりも他の関数の方が適しているよ
うに見える。 終

D 対数目盛

> **練習**
> **25**
>
> 変量 x, y の関係が指数関数 $y=a^x$ で近似されるデータについて，y 軸だけを対数目盛にした散布図では，x と y を直線的な関係としてみることができる理由を説明せよ。

指針 **対数目盛** $y=a^x$ の両辺の常用対数をとって考える。

解答 変量 x, y の関係が指数関数 $y=a^x$ で近似されるとする。

このとき，変量 x のそれぞれの値 x_k ($k=1$, 2, 3, ……, n) に対して，変量 y の値 y_k は a^{x_k} の値に近いと考えられる。

よって，$y'_k=\log_{10} y_k$ とすると，y'_k は $\log_{10} a^{x_k}$，すなわち $x_k \log_{10} a$ の値に近い。

y 軸だけを対数目盛にした散布図では，散布図の点は (x_k, y'_k) であり，これらはそれぞれ，$(x_k, x_k \log_{10} a)$ の近くにある。

したがって，y 軸だけを対数目盛にした散布図では，直線 $y=x \log_{10} a$ の近くに点が並ぶから，直線的な関係としてみることができる。 終

総合問題

1
※問題文は教科書 148 頁を参照

指針 **数列の和の公式**

(1) 右辺を整理して左辺を導く。

(2) (1) の等式に $k=1,\ 2,\ 3,\ \cdots\cdots,\ n$ を代入した形のまま，n 個の等式を辺々加える。

(4) [2]，[3] 上から i 段目の左から 1 番目の数に着目する。

  [2] そこから右に 1 つ行くごとに 1 増える。

  [3] そこから右に 1 つ行くごとに 1 減る。

(5) 三角形の中にある数の個数は $1+2+3+\cdots\cdots+n=\dfrac{1}{2}n(n+1)$（個）

解答 (1) 右辺 $=\dfrac{1}{3}\{(k^3+3k^2+2k)-(k^3-k)\}=\dfrac{1}{3}(3k^2+3k)=k^2+k=$ 左辺 　終

(2) $k=1$ とすると 　$1^2+1=\dfrac{1}{3}(1\cdot2\cdot3-0\cdot1\cdot2)$

  $k=2$ とすると 　$2^2+2=\dfrac{1}{3}(2\cdot3\cdot4-1\cdot2\cdot3)$

  $k=3$ とすると 　$3^2+3=\dfrac{1}{3}(3\cdot4\cdot5-2\cdot3\cdot4)$

  $\cdots\cdots\cdots\cdots$ 　　　$\cdots\cdots\cdots\cdots\cdots\cdots$

  $k=n$ とすると 　$n^2+n=\dfrac{1}{3}\{n(n+1)(n+2)-(n-1)n(n+1)\}$

これらの n 個の等式を辺々加えると

$$\sum_{k=1}^{n}(k^2+k)=\dfrac{1}{3}\{-0\cdot1\cdot2+n(n+1)(n+2)\}=\boldsymbol{\dfrac{1}{3}n(n+1)(n+2)} \quad 答$$

(3) $\displaystyle\sum_{k=1}^{n}k^2=\dfrac{1}{3}n(n+1)(n+2)-\sum_{k=1}^{n}k=\dfrac{1}{3}n(n+1)(n+2)-\dfrac{1}{2}n(n+1)$

　　　$=\dfrac{1}{6}n(n+1)\{2(n+2)-3\}=\dfrac{1}{6}n(n+1)(2n+1)$

したがって 　$\boldsymbol{1^2+2^2+3^2+\cdots\cdots+n^2=\dfrac{1}{6}n(n+1)(2n+1)}$ 　答

(4) [1] 上から i 段目の数はすべて i であるから 　$\boldsymbol{i}$ 　答

  [2] 上から i 段目の左から 1 番目の数は $n-(i-1)$ であり，右に 1 つ行くごとに 1 増えるから，上から i 段目，左から j 番目の数は

　　　$n-(i-1)+(j-1)=\boldsymbol{n-i+j}$ 　答

  [3] 上から i 段目の左から 1 番目の数は n であり，右に 1 つ行くごとに 1 減るから，上から i 段目，左から j 番目の数は

$$n-(j-1)=\boldsymbol{n-j+1} \quad \boxed{\text{答}}$$

以上から，3つの数の和 s は

$$s=i+(n-i+j)+(n-j+1)=\boldsymbol{2n+1} \quad \boxed{\text{答}}$$

(5) (4)より，3つの三角形について，上から i 段目，左から j 番目の数の和 s は，その位置によらず $2n+1$ となる。

また，上から i 段目には i 個の数があるから，1つの三角形の中にある数の個数は

$$1+2+3+\cdots\cdots+n=\frac{1}{2}n(n+1)$$

よって，3つの三角形の中にあるすべての数の和は

$$s \times \frac{1}{2}n(n+1)$$

1つの三角形の中に含まれる数の和は S_n で表されるから，3つの三角形の中にあるすべての数の和は $3S_n$ である。

したがって $3S_n=s \times \dfrac{1}{2}n(n+1) \quad \boxed{\text{答}} \quad \dfrac{1}{2}\boldsymbol{n(n+1)}$

(6) (4)と(5)の結果を利用すると

$$S_n=\frac{1}{3} \times (2n+1) \times \frac{1}{2}n(n+1)=\frac{1}{6}n(n+1)(2n+1)$$

したがって $1^2+2^2+3^2+\cdots\cdots+n^2=\dfrac{1}{6}\boldsymbol{n(n+1)(2n+1)} \quad \boxed{\text{答}}$

2 ※問題文は教科書 149 頁を参照

指針 **ハノイの塔** 3本の杭を左から順に A，B，C とし，n 枚の円盤を上から順に D_1，D_2，D_3，……，D_n として考える。

(2) $(n+1)$ 枚の円盤については，次のようにする。

・A の $D_1 \sim D_n$ を B に移動

・A の D_{n+1} を C に移動

・B の $D_1 \sim D_n$ を C に移動

解答 (1) 3本の杭を左から順に A，B，C とし，n 枚の円盤を上から順に D_1，D_2，D_3，……，D_n とする。

$n=2$ のとき，最小の手順は次のようになる。

(2-1) A の D_1 を B に移動

(2-2) A の D_2 を C に移動

(2-3) B の D_1 を C に移動

よって $\boldsymbol{a_2=3} \quad \boxed{\text{答}}$

$n=3$ のとき，最小の手順は次のようになる。

(3-1) A の D_1 を C に移動

(3-2)　A の D_2 を B に移動

(3-3)　C の D_1 を B に移動

(3-4)　A の D_3 を C に移動

(3-5)　B の D_1 を A に移動

(3-6)　B の D_2 を C に移動

(3-7)　A の D_1 を C に移動

よって　$a_3 = 7$　答

(2)　対称性より，n 枚の円盤を杭 A から杭 B に，また，杭 B から杭 C に移動させる最小の手数も a_n である。

よって，$(n+1)$ 枚の円盤を最小の手数で移動させるには次のようにする。

　　　・A の $D_1 \sim D_n$ を B に移動

　　　・A の D_{n+1} を C に移動

　　　・B の $D_1 \sim D_n$ を C に移動

したがって　$a_{n+1} = a_n + 1 + a_n = 2a_n + 1$　答

また　$a_1 = 1$

漸化式を変形すると　　$a_{n+1} + 1 = 2(a_n + 1)$

よって，数列 $\{a_n + 1\}$ は初項 $a_1 + 1 = 2$，公比 2 の等比数列であるから

$a_n + 1 = 2^n$　　　　したがって　$a_n = 2^n - 1$　答

3　※問題文は教科書 150 頁を参照

指針 **正規分布の応用**

(1)　$Z = \dfrac{X - 5600}{400}$ とおくと，Z は標準正規分布 $N(0, 1)$ に従う。

(2)　$E(Y_2) = 5600 + 5600 = 11200$，$\sigma(Y_2) = \sqrt{400^2 + 400^2} = 400\sqrt{2}$

　　$Z_2 = \dfrac{Y_2 - 11200}{400\sqrt{2}}$ とおくと，Z_2 は標準正規分布 $N(0, 1)$ に従う。

(3)　$\left[5600 - 1.96 \cdot \dfrac{400}{\sqrt{100}},\ 5600 + 1.96 \cdot \dfrac{400}{\sqrt{100}} \right]$

(4)　標本の大きさを n とすると，$2 \times 1.96 \cdot \dfrac{400}{\sqrt{n}} \leqq 100$

解答 (1)　$Z = \dfrac{X - 5600}{400}$ とおくと，Z は標準正規分布 $N(0, 1)$ に従う。

　　　　$X = 5000$ のとき　$Z = \dfrac{5000 - 5600}{400} = -1.5$

　　　　よって　$P(X < 5000) = P(Z < -1.5) = 0.5 - p(1.5)$

　　　　　　　　　　　　　　　　$= 0.5 - 0.4332 = \mathbf{0.0668}$　答

(2)　$Z_1 = \dfrac{Y_1 - 11200}{800}$ とおくと，Z_1 は標準正規分布 $N(0, 1)$ に従う。

$Y_1=10000$ のとき $Z_1=-1.5$

(1)と同様に $P(Y_1<10000)=\textbf{0.0668}$ 答

Y, Y' を互いに独立な確率変数で，ともに正規分布 $N(5600,\ 400^2)$ に従うとすると

$$Y_2=Y+Y'$$

よって

$$E(Y_2)=E(Y+Y')=E(Y)+E(Y')$$
$$=5600+5600=11200$$
$$\sigma(Y_2)=\sqrt{V(Y_2)}=\sqrt{V(Y+Y')}=\sqrt{V(Y)+V(Y')}$$
$$=\sqrt{400^2+400^2}=400\sqrt{2}$$

$Z_2=\dfrac{Y_2-11200}{400\sqrt{2}}$ とおくと，Z_2 は標準正規分布 $N(0,\ 1)$ に従う。

$Y_2=10000$ のとき $\quad Z_2=\dfrac{10000-11200}{400\sqrt{2}}=-\dfrac{3\sqrt{2}}{2}\fallingdotseq-2.12$

$$P(Y_2<10000)=P(Z_2<-2.12)=0.5-p(2.12)$$
$$=0.5-0.4830=\textbf{0.0170}\quad 答$$

(3) 標本平均は $\overline{X}=5600$，標本標準偏差は $S=400$，標本の大きさは $n=100$ であるから

$$1.96\cdot\frac{S}{\sqrt{n}}=1.96\cdot\frac{400}{\sqrt{100}}\fallingdotseq78$$

よって，求める信頼区間は

$$[5600-78,\ 5600+78]$$

すなわち $\quad\textbf{[5522, 5678]}\quad$ **ただし，単位は円** 答

(4) 標本の大きさを n とすると，信頼度 95 % の信頼区間の幅は

$$2\times1.96\cdot\frac{400}{\sqrt{n}}$$

$2\times1.96\cdot\dfrac{400}{\sqrt{n}}\leqq100$ より $\quad\sqrt{n}\geqq15.68$

よって $\quad n\geqq245.8\cdots$

したがって，**246 個以上にすればよい。** 答

第1章 数 列

① 数列

1 一般項が次の式で表される数列 $\{a_n\}$ について，初項から第 5 項までを求めよ。

(1) $a_n = 4n - 2$　　(2) $a_n = 3 \cdot 2^n$　　(3) $a_n = n^2 + 1$

(4) $a_n = (-2)^n$　　(5) $a_n = (-1)^n \cdot 3^{n+1}$　　**▶ 教 p.9 練習 2**

2 次の数列の一般項を推測せよ。

(1) 3, 6, 9, 12, 15, ……　　(2) 0, 1, 8, 27, 64, ……

(3) $-\dfrac{1}{2}$, $\dfrac{1}{4}$, $-\dfrac{1}{8}$, $\dfrac{1}{16}$, $-\dfrac{1}{32}$, ……

(4) 0, 2, -4, 6, -8, ……

(5) 1, $\dfrac{3}{4}$, $\dfrac{5}{9}$, $\dfrac{7}{16}$, $\dfrac{9}{25}$, ……　　**▶ 教 p.9 練習 3**

② 等差数列とその和

3 次のような等差数列の一般項を求めよ。また，その第 10 項を求めよ。

(1) 初項 3，公差 2　　　　　(2) 初項 13，公差 -3

(3) 初項 1，公差 1　　　　　(4) 初項 $\dfrac{1}{2}$，公差 $-\dfrac{1}{2}$

▶ 教 p.11 練習 4

4 次の等差数列の一般項を求めよ。また，その第 10 項を求めよ。

(1) 1, 5, 9, 13, ……　　　(2) 10, 7, 4, 1, ……

▶ 教 p.11 練習 5

5 (1) 公差が 3，第 8 項が 12 である等差数列 $\{a_n\}$ の初項と一般項を求めよ。

(2) 初項が 10，第 10 項が 28 である等差数列 $\{a_n\}$ の公差と一般項を求めよ。

(3) 初項が 1，公差が 5 である等差数列 $\{a_n\}$ において，第 l 項が 76 であるとき，l の値を求めよ。　　**▶ 教 p.11 練習 6**

6 第 16 項が -50，第 21 項が -80 である等差数列 $\{a_n\}$ がある。

    (1) 初項と公差を求めよ。また，一般項を求めよ。

    (2) 4 は第何項か。   ≫ 敎 p.11 **練習 7**

7 一般項が次のように表される数列 $\{a_n\}$ は等差数列であることを示せ。また，初項と公差を求めよ。

    (1) $a_n = 2n - 10$ (2) $a_n = -5n + 2$ ≫ 敎 p.12 **練習 8**

8 数列 a，3，a^2 が等差数列であるとき，a の値を求めよ。   ≫ 敎 p.12 **練習 9**

9 次のような等差数列の和を求めよ。

    (1) 初項 3，末項 21，項数 10   (2) 初項 50，末項 0，項数 26

    (3) 初項 2，公差 3，項数 10   (4) 初項 20，公差 -5，項数 13

                                                  ≫ 敎 p.14 **練習 10**

10 次の等差数列の和を求めよ。

    (1) 2，6，10，14，$\cdots\cdots$，90 (2) 62，55，48，41，$\cdots\cdots$，-8

                                                  ≫ 敎 p.14 **練習 11**

11 10 から 100 までの自然数のうち，次のような数の和を求めよ。

    (1) 6 で割って 1 余る数   (2) 6 の倍数

    (3) 6 で割り切れない数   ≫ 敎 p.15 **練習 13**

12 初項が 50，公差が -3 である等差数列について，次の問いに答えよ。

    (1) 第何項が初めて負の数となるか。

    (2) 初項から第何項までの和が最大となるか。また，その和を求めよ。

                                                  ≫ 敎 p.16 **練習 14**

❸ 等比数列とその和

13 次の等比数列の一般項を求めよ。また，第 5 項を求めよ。

    (1) 1，2，4，$\cdots\cdots$ (2) 6，$2\sqrt{3}$，2，$\cdots\cdots$

    (3) 8，-12，18，$\cdots\cdots$ (4) 1，$-\dfrac{1}{2}$，$\dfrac{1}{4}$，$\cdots\cdots$

                                                  ≫ 敎 p.18 **練習 15**

14 次のような等比数列の一般項を求めよ。ただし，公比は実数とする。

    (1) 第 5 項が -48，第 7 項が -192

    (2) 第 2 項が 14，第 5 項が 112   ≫ 敎 p.18 **練習 16**

15 数列 $2, a, \dfrac{9}{2}$ が等比数列であるとき, a の値を求めよ。

教 p.18 練習 17

16 次のような等比数列の和を求めよ。

(1) 初項 1, 公比 2, 末項 64

(2) 初項 162, 公比 $-\dfrac{1}{3}$, 末項 2

教 p.20 練習 18

17 次の等比数列の初項から第 n 項までの和を求めよ。

(1) $5, 10, 20, \cdots\cdots$

(2) $-1, 5, -25, \cdots\cdots$

(3) $\sqrt{2}-1, 1, \cdots\cdots$

教 p.20 練習 19

18 (1) 公比が -2, 初項から第 10 項までの和が -1023 である等比数列の初項を求めよ。

(2) 第 2 項が 6, 初項から第 3 項までの和が 21 である等比数列の初項と公比を求めよ。

教 p.20 練習 20

❹ 和の記号 Σ

19 次の和を求めよ。

(1) $1^2+2^2+3^2+\cdots\cdots+16^2$

(2) $1^3+2^3+3^3+\cdots\cdots+9^3$

教 p.23 練習 21

20 次の数列の和を, Σ を用いないで, 各項を書き並べて表せ。

(1) $\displaystyle\sum_{k=1}^{n}(3-2k)$

(2) $\displaystyle\sum_{k=3}^{10}(k^2-1)$

教 p.23 練習 22

21 次の和を求めよ。

(1) $\displaystyle\sum_{k=1}^{30} k$

(2) $\displaystyle\sum_{l=1}^{15} l^2$

(3) $\displaystyle\sum_{k=1}^{6} 2^k$

(4) $\displaystyle\sum_{k=1}^{5}\left(-\dfrac{1}{3}\right)^{k-1}$

教 p.24 練習 24, 25

22 次の和を求めよ。

(1) $\displaystyle\sum_{k=1}^{n}(2k-3)$

(2) $\displaystyle\sum_{k=1}^{n}(4k^3-1)$

(3) $\displaystyle\sum_{k=1}^{n}(3k-1)^2$

教 p.25 練習 26

23 次の和を求めよ。

(1) $2^2 + 4^2 + 6^2 + 8^2 + \cdots\cdots + (2n)^2$

(2) $1 \cdot 2 \cdot 3 + 2 \cdot 3 \cdot 5 + 3 \cdot 4 \cdot 7 + 4 \cdot 5 \cdot 9 + \cdots\cdots + n(n+1)(2n+1)$

📗 p.26 練習 27

24 次の数列の第 k 項を求めよ。また，初項から第 n 項までの和を求めよ。

(1) $2, \ 2+4, \ 2+4+6, \ 2+4+6+8, \ \cdots\cdots$

(2) $1, \ 1+3, \ 1+3+9, \ 1+3+9+27, \ \cdots\cdots$

📗 p.26 練習 28

⑤ 階差数列

25 次の数列の階差数列の第 k 項を求めよ。また，もとの数列の第 n 項を求めよ。

(1) $2, \ 3, \ 5, \ 8, \ 12, \ \cdots\cdots$ (2) $1, \ 2, \ 6, \ 15, \ 31, \ \cdots\cdots$

(3) $5, \ 6, \ 5, \ 2, \ -3, \ \cdots\cdots$ (4) $1, \ 2, \ 5, \ 14, \ 41, \ \cdots\cdots$

📗 p.28 練習 30

26 初項から第 n 項までの和 S_n が次の式で表される数列 $\{a_n\}$ の一般項を求めよ。

(1) $S_n = n^2 - 3n$ (2) $S_n = n^3 + 2$ (3) $S_n = 2^{n+2} - 4$

📗 p.29 練習 31

⑥ いろいろな数列の和

27 次の和 S を求めよ。ただし，(2) は $n \geqq 2$ とする。

(1) $S = \dfrac{1}{1 \cdot 4} + \dfrac{1}{4 \cdot 7} + \dfrac{1}{7 \cdot 10} + \cdots\cdots + \dfrac{1}{(3n-2)(3n+1)}$

(2) $S = \dfrac{1}{1 \cdot 3} + \dfrac{1}{2 \cdot 4} + \dfrac{1}{3 \cdot 5} + \cdots\cdots + \dfrac{1}{n(n+2)}$

📗 p.30 練習 32

28 和 $\displaystyle\sum_{k=1}^{n} \dfrac{1}{\sqrt{k+2} + \sqrt{k+3}}$ を求めよ。 📗 p.30 練習 33

29 次の和 S を求めよ。

(1) $S = 1 \cdot 1 + 2 \cdot 5 + 3 \cdot 5^2 + 4 \cdot 5^3 + \cdots\cdots + n \cdot 5^{n-1}$

(2) $S = 1 + \dfrac{2}{3} + \dfrac{3}{3^2} + \dfrac{4}{3^3} + \cdots\cdots + \dfrac{n}{3^{n-1}}$

(3) $S = 1 + 4x + 7x^2 + 10x^3 + \cdots\cdots + (3n-2)x^{n-1}$

📗 p.31 練習 34, 35

演習

演習編

30 自然数の列を，次のように 1 個，2 個，4 個，8 個，……，2^{n-1} 個，
…… の群に分ける。

$$1\,|\,2,\ 3\,|\,4,\ 5,\ 6,\ 7\,|\,8,\ 9,\ 10,\ 11,\ 12,\ 13,\ 14,\ 15\,|\,16,\ \cdots\cdots$$

(1) 第 n 群の最初の自然数を求めよ。
(2) 500 は第何群の第何項か。
(3) 第 n 群にあるすべての自然数の和を求めよ。　　　**数** p.32 **練習 36**

❼ 漸化式と数列

31 次の条件によって定められる数列 $\{a_n\}$ の第 5 項を求めよ。

(1) $a_1=1,\ a_{n+1}=5a_n+1$ 　　　(2) $a_1=-1,\ a_{n+1}=a_n-n$

(3) $a_1=4,\ a_{n+1}=3a_n-n$ 　　　(4) $a_1=2,\ a_{n+1}=\dfrac{2a_n}{a_n+1}$

数 p.34 **練習 37**

32 次の条件によって定められる数列 $\{a_n\}$ の一般項を求めよ。

(1) $a_1=1,\ a_{n+1}-a_n=5$ 　　　(2) $a_1=4,\ a_{n+1}=a_n-2$

(3) $a_1=2,\ a_{n+1}=5a_n$ 　　　(4) $a_1=5,\ a_{n+1}=-3a_n$

数 p.35 **練習 38**

33 次の条件によって定められる数列 $\{a_n\}$ の一般項を求めよ。

(1) $a_1=1,\ a_{n+1}-a_n=2n$ 　　　(2) $a_1=2,\ a_{n+1}-a_n=3n^2+n$

(3) $a_1=1,\ a_{n+1}=a_n+n^2$ 　　　(4) $a_1=1,\ a_{n+1}=a_n+4^n$

数 p.35 **練習 39**

34 次の条件によって定められる数列 $\{a_n\}$ の一般項を求めよ。

(1) $a_1=2,\ a_{n+1}=3a_n-2$ 　　　(2) $a_1=1,\ a_{n+1}=\dfrac{1}{3}a_n+2$

(3) $a_1=1,\ a_{n+1}=9-2a_n$ 　　　(4) $a_1=1,\ a_{n+1}=4a_n+3$

(5) $a_1=1,\ a_{n+1}=-2a_n+1$ 　　　(6) $a_1=0,\ 2a_{n+1}-3a_n=1$

数 p.36 **練習 40**

35 平面上に n 個の円があって，それらのどの 2 つも異なる 2 点で交わり，
また，どの 3 つも 1 点で交わらないとする。これらの n 個の円が平面を
a_n 個の部分に分けるとき，a_n を n の式で表せ。　　　**数** p.37 **練習 41**

研究 **確率と漸化式**

36 表の出る確率が $\dfrac{1}{3}$ である硬貨を投げて,表が出たら点数を 1 点増やし,裏が出たら点数はそのままとするゲームについて考える。0 点から始めて,硬貨を n 回投げたときの点数が偶数である確率 p_n を求めよ。ただし,0 は偶数と考える。 教p.38 練習1

発展 **隣接 3 項間の漸化式**

37 次の条件によって定められる数列 $\{a_n\}$ の一般項を求めよ。
  (1) $a_1=1$, $a_2=2$, $a_{n+2}+3a_{n+1}-4a_n=0$
  (2) $a_1=0$, $a_2=1$, $a_{n+2}+5a_{n+1}+6a_n=0$
  (3) $a_1=1$, $a_2=4$, $a_{n+2}-6a_{n+1}+9a_n=0$ 教p.40 練習1, 2

発展 **2 つの数列の漸化式**

38 条件 $a_1=2$, $b_1=6$, $a_{n+1}=2a_n+b_n$, $b_{n+1}=3a_n+4b_n$ によって定められる数列 $\{a_n\}$, $\{b_n\}$ がある。
  (1) a_2, b_2, a_3, b_3 を求めよ。
  (2) 数列 $\{a_n+b_n\}$, $\{3a_n-b_n\}$ の一般項を,それぞれ求めよ。
  (3) (2)の結果を用いて,数列 $\{a_n\}$, $\{b_n\}$ の一般項を,それぞれ求めよ。
教p.41 練習1

8 **数学的帰納法**

39 n は自然数とする。数学的帰納法によって,次の等式を証明せよ。
  (1) $1+10+10^2+\cdots\cdots+10^{n-1}=\dfrac{1}{9}(10^n-1)$

  (2) $1\cdot3+2\cdot5+3\cdot7+\cdots\cdots+n(2n+1)=\dfrac{1}{6}n(n+1)(4n+5)$

教p.44 練習42

40 n は自然数とする。$4n^3-n$ は 3 の倍数であることを,数学的帰納法によって証明せよ。 教p.44 練習43

41 数学的帰納法によって，次の不等式を証明せよ。

(1) n が自然数のとき $\quad 1^2+2^2+3^2+\cdots\cdots+n^2<\dfrac{(n+1)^3}{3}$

(2) n が 4 以上の自然数のとき $\quad 2^n>3n+1$

(3) n が 3 以上の自然数，$h>0$ のとき $\quad (1+h)^n>1+nh^2$

≫ 教 p.45 練習 44

42 条件 $a_1=3$，$a_n{}^2=(n+1)a_{n+1}+1$ によって定められる数列 $\{a_n\}$ がある。

(1) a_2，a_3，a_4 を求めよ。

(2) 第 n 項 a_n を推測して，その結果を数学的帰納法によって証明せよ。

≫ 教 p.46 練習 45

研究 **自然数や整数に関わる命題のいろいろな証明**

43 (1) n は自然数とする。$5^{n+1}+6^{2n-1}$ は 31 で割り切れることを，数学的帰納法によって証明せよ。

(2) n は 2 以上の自然数とする。$2^{3n}-7n-1$ は 49 で割り切れることを，数学的帰納法によって証明せよ。

≫ 教 p.48 練習 1

定期考査対策問題

1 第 4 項が 11，第 10 項が -7 である等差数列 $\{a_n\}$ がある。
  (1) 第 100 項を求めよ。
  (2) 第何項が初めて -100 より小さくなるか。

2 等差数列をなす 3 つの数がある。その和は 15 で，平方の和は 83 である。各数を求めよ。

3 初項 80，公差 -3 の等差数列 $\{a_n\}$ について
  (1) 初項から第 n 項までの和を求めよ。
  (2) 初項から第何項までの和が初めて負となるか。
  (3) 初項から第何項までの和が最大となるか。

4 1 から 100 までの自然数のうち，次のような数の和を求めよ。
  (1) 5 の倍数   (2) 6 の倍数   (3) 5 と 6 の公倍数
  (4) 5 または 6 の倍数   (5) 6 で割り切れない数

5 初項が 7，公比が 3 の等比数列について，初項から第 n 項までの和 S_n を求めよ。また，$S_n=280$ となる n の値を求めよ。

6 等比数列をなす 3 つの実数の和が 15，積が -1000 であるとき，この 3 つの実数を求めよ。

7 次の数列の初項から第 n 項までの和を求めよ。
$$1, \ 1+2, \ 1+2+4, \ 1+2+4+8, \ \cdots\cdots$$

8 次の数列の第 k 項 $a_k \ (k \leqq n)$ と和 S を求めよ。
$$1\cdot(2n-1), \ 3(2n-3), \ 5(2n-5), \ \cdots\cdots, \ (2n-3)\cdot 3, \ (2n-1)\cdot 1$$

9 次の数列 $\{a_n\}$ の一般項を求めよ。
  (1) 4, 5, 8, 13, 20, 29, $\cdots\cdots$
  (2) 初項から第 n 項までの和 S_n が $S_n=n^2+1$ である数列

10 次の数列の初項から第 n 項までの和を求めよ。
$$\frac{1}{2\cdot 5}, \ \frac{1}{5\cdot 8}, \ \frac{1}{8\cdot 11}, \ \frac{1}{11\cdot 14}, \ \frac{1}{14\cdot 17}, \ \cdots\cdots$$

演習

演習編

11 次の和 S を求めよ。

$$S = 1 \cdot 1 + 3 \cdot 2 + 5 \cdot 2^2 + 7 \cdot 2^3 + \cdots\cdots + (2n-1) \cdot 2^{n-1}$$

12 初項 1，公差 3 の等差数列を，次のように 1 個，2 個，3 個，…… と群に分ける。

$$1 \mid 4, \ 7 \mid 10, \ 13, \ 16 \mid 19, \ \cdots\cdots$$

(1) 第 n 群の最初の数を求めよ。

(2) 第 n 群に含まれる数の和を求めよ。

(3) 148 は第何群の何番目の数か。

13 次の条件によって定められる数列 $\{a_n\}$ の一般項を求めよ。

(1) $a_1 = 2, \ a_{n+1} = a_n + 4$ (2) $a_1 = 5, \ a_{n+1} = 3a_n$

(3) $a_1 = 1, \ a_{n+1} = a_n + 2n - 3$ (4) $a_1 = 6, \ a_{n+1} = 4a_n - 9$

14 次の条件によって定められる数列 $\{a_n\}$ の一般項を求めよ。

(1) $a_1 = 10, \ a_{n+1} = 3a_n + 2^{n+2}$ (2) $a_1 = 1, \ a_{n+1} = \dfrac{a_n}{2a_n + 3}$

15 数列 $\{a_n\}$ の初項から第 n 項までの和 S_n が $S_n = 3a_n - 2$ であるとする。

(1) a_1 を求めよ。   (2) a_{n+1} を a_n で表せ。

(3) 一般項 a_n を求めよ。

16 1 辺の長さ 3 の正三角形 ABC の辺 AB 上の 1 点を P_1 とし，$AP_1 = 2$ とする。P_1 から辺 BC へ垂線 P_1Q_1 を下ろし，Q_1 から辺 CA へ垂線 Q_1R_1 を下ろし，R_1 から辺 AB へ垂線 R_1P_2 を下ろす。P_2 から更に同じ操作を繰り返して Q_2，R_2，P_3，Q_3，R_3，…… とする。線分 AP_n の長さを求めよ。

17 数学的帰納法によって，次の等式を証明せよ。

$$2^2 + 4^2 + 6^2 + \cdots\cdots + (2n)^2 = \frac{2}{3}n(n+1)(2n+1)$$

18 n を自然数とするとき，$4^{n+1} + 5^{2n-1}$ は 21 の倍数であることを，数学的帰納法によって証明せよ。

第2章 統計的な推測

❶ 確率変数と確率分布

44 次の確率変数 X の確率分布を求めよ。

(1) 3枚の硬貨を同時に投げるとき，表の出る枚数 X

(2) 1個のさいころを4回投げるとき，6の目の出る回数 X

▶ 敎 p.55 練習 1

❷ 確率変数の期待値と分散

45 1から9までの数字が1つずつ記入されたカードが9枚ある。このカードをよく混ぜて1枚を抜き出し，そのカードの数字を X とする。

(1) X の期待値を求めよ。　　　(2) X の分散，標準偏差を求めよ。

▶ 敎 p.57, 59 練習 2, 4

46 白玉6個と赤玉4個が入っている袋から玉を次の方法で取り出す。白玉の出た回数を X とするとき，X の期待値を求めよ。

(1) 1個ずつ，もとに戻さず2回続けて取り出す。

(2) 1個ずつ，2回取り出す。ただし，取り出した玉は毎回もとに戻す。

▶ 敎 p.57 練習 3

47 白玉と赤玉が3個ずつ入っている袋から，3個の玉を同時に取り出したときの白玉の個数を X とする。X の期待値と分散を求めよ。

▶ 敎 p.60 練習 5

❸ 確率変数の変換

48 赤玉が3個，白玉が2個入っている袋から，同時に2個の玉を取り出すとき，白玉の個数を X とする。次の確率変数 Y の期待値，分散，標準偏差を求めよ。

(1) $Y=X+2$　　　(2) $Y=2X+1$　　　(3) $Y=-2X+3$

▶ 敎 p.62 練習 6

演習

演習編

④ 確率変数の和と期待値

49 2枚の硬貨を同時に投げる試行を2回行う。1回目の試行で表の出る枚数を X，2回目の試行で表の出る枚数を Y とするとき，X と Y の同時分布を求めよ。 ▶︎ 📖p.64 練習 7

50 次の硬貨を同時に投げるとき，表の出た硬貨の金額の和の期待値を求めよ。
(1) 500円硬貨2枚
(2) 500円硬貨2枚と100円硬貨1枚
(3) 500円硬貨2枚と100円硬貨1枚と10円硬貨3枚
▶︎ 📖p.66 練習 8〜10

⑤ 独立な確率変数と期待値・分散

51 次の2つの事象 A，B は独立であるか，従属であるか。
(1) ジョーカーを除く1組52枚のトランプから1枚を抜き出すとき
　　　A：ハート，　　B：エース
(2) 1から9までの9個の整数から1個の整数を選ぶとき
　　　A：奇数，　　B：5以下
(3) 大小2個のさいころを同時に投げるとき
　　　A：大きいさいころの目が偶数，　　B：目の和が偶数
▶︎ 📖p.71 練習 12

52 硬貨とさいころを同時に投げるとき，硬貨で表が出たら1，裏が出たら0となる確率変数を X とし，さいころの出た目の数を Y とする。このとき，確率変数 XY の期待値を求めよ。 ▶︎ 📖p.72 練習 13

53 2，4，6の目が2面ずつ書かれた3個のさいころを同時に投げるとき，出る目の積の期待値を求めよ。 ▶︎ 📖p.73 練習 14

54 確率変数 X の期待値が2で分散が5，確率変数 Y の期待値が -1 で分散が3であり，X と Y が互いに独立であるとする。次の確率変数の期待値と分散を求めよ。
(1) $X+Y$　　　　　(2) $2X+3Y$　　　　　(3) $X-2Y$
▶︎ 📖p.73, 74 練習 15, 16

6 二項分布

55 次の二項分布の平均, 分散と標準偏差を求めよ。

(1) $B\left(6, \dfrac{1}{2}\right)$ (2) $B\left(5, \dfrac{1}{4}\right)$ (3) $B\left(12, \dfrac{2}{3}\right)$

▶▶ 教 p.77 練習 18

56 (1) 1個のさいころを8回投げるとき, 4以上の目が出る回数を X とする。確率変数 X の期待値と標準偏差を求めよ。

(2) 2% の割合で不良品を含むネジの山から 150 個取り出したとき, それに含まれる不良品の個数を X とする。X の期待値, 分散と標準偏差を求めよ。

▶▶ 教 p.77 練習 19

7 正規分布

57 確率変数 X の確率密度関数 $f(x)$ が次の式で表されるとき, 指定されたそれぞれの確率を求めよ。

(1) $f(x) = \dfrac{1}{3}$ $(0 \le x \le 3)$ $P(0 \le X \le 1.5)$, $P(0.5 \le X \le 2)$

(2) $f(x) = \dfrac{1}{2}x$ $(0 \le x \le 2)$ $P(0.3 \le X \le 0.7)$, $P(0.4 \le X \le 1.6)$

(1) 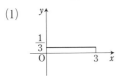 (2)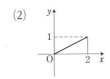

▶▶ 教 p.80 練習 20

58 確率変数 X の確率密度関数 $f(x)$ が $f(x) = \dfrac{2}{3}x$ $(0 \le x \le \sqrt{3})$ で表されるとき, X の期待値, 分散, 標準偏差を求めよ。 ▶▶ 教 p.80 練習 21

59 確率変数 Z が標準正規分布 $N(0, 1)$ に従うとき, 次の確率を求めよ。

(1) $P(0 \le Z \le 2)$ (2) $P(0 \le Z \le 1.54)$ (3) $P(1 \le Z \le 3)$

(4) $P(Z \ge 2.4)$ (5) $P(-2 \le Z \le 1)$ (6) $P(-1.2 \le Z)$

▶▶ 教 p.83 練習 22

60 確率変数 X が正規分布 $N(30, 4^2)$ に従うとき, 次の確率を求めよ。

(1) $P(X \le 30)$ (2) $P(30 \le X \le 38)$ (3) $P(38 \le X \le 42)$

(4) $P(22 \le X \le 26)$ (5) $P(20 \le X \le 35)$ (6) $P(X \ge 35)$

▶▶ 教 p.83 練習 23

61 ある高等学校における 3 年男子の身長が，平均 170.0 cm，標準偏差 5.2 cm の正規分布に従うものとする。

(1) 身長が 165 cm 以上の生徒は，約何 % いるか。

(2) 身長の高い方から 10 % の中に入るのは，何 cm 以上の生徒か。最も小さい整数値で答えよ。　　　　　　　　　　⦿p.84 練習 24

62 1 個のさいころを 1620 回投げるとき，1 の目が出る回数を X とする。X が次の範囲にある確率を求めよ。

(1) $252 \leqq X \leqq 288$

(2) $\left| \dfrac{X}{1620} - \dfrac{1}{6} \right| \leqq \dfrac{1}{135}$

⦿p.86 練習 25

❽ 母集団と標本　　❾ 標本平均とその分布

63 1, 2, 2, 2, 2, 3, 3, 3, 4, 4 の数字を記入した 10 枚のカードが袋の中にある。これを母集団とし，無作為に 1 個ずつ 4 個の標本を復元抽出する。

(1) 母集団分布を求めよ。　　　(2) 母平均，母標準偏差を求めよ。

(3) 標本平均 $\overline{X}$ の期待値と標準偏差を求めよ。　⦿p.90, 94 練習 26, 27

64 ある花の種子が箱の中に多数入っていて，その中で赤い花をつける種子の割合は 20 % である。この箱の中から，無作為に n 個の種子を抽出するとき，k 番目に抽出された種子が赤い花をつける種子なら 1，赤い花をつける種子でないなら 0 の値を対応させる確率変数を X_k とする。標本平均 $\overline{X} = \dfrac{1}{n} \sum\limits_{k=1}^{n} X_k$ について

(1) $\overline{X}$ の期待値と標準偏差を求めよ。

(2) $\overline{X}$ の標準偏差を 0.05 以下にするためには，標本の大きさ n を，少なくともどれくらい大きくする必要があるか。　⦿p.95 練習 28

65 母平均 120，母標準偏差 30 をもつ母集団から，大きさ 100 の無作為標本を抽出するとき，その標本平均 $\overline{X}$ が 123 より大きい値をとる確率を求めよ。　　　　　　　　　　　　　　　　　　　⦿p.97 練習 29

66 1個のさいころを n 回投げるとき，1の目が出る相対度数を R とする。次の各場合について，確率 $P\left(\left|R-\dfrac{1}{6}\right| \leqq \dfrac{1}{60}\right)$ の値を，教科書の正規分布表を用いて求めよ。　　　📘p.98 練習 30

(1)　$n=500$　　　　(2)　$n=2000$　　　　(3)　$n=4500$

10 推定

67 ある試験を受けた高校生の中から，100人を任意に選んだところ，平均点は58.3点であった。母標準偏差を13.0点として，母平均を信頼度95％で推定せよ。　　　📘p.101 練習 31

68 大きさ100の標本の平均値は56.3で，標本標準偏差は10.2である。このとき，母平均を信頼度95％で推定せよ。　　　📘p.101 練習 32

69 ある工場の製品から，無作為抽出で大きさ800の標本を選んだところ，32個の不良品があった。製品全体の不良品の率を信頼度95％で推定せよ。　　　📘p.103 練習 33

11 仮説検定

70 ある1個のさいころを1620回投げたところ，3の目が303回出た。このさいころは，3の目の出る確率が $\dfrac{1}{6}$ ではないと判断してよいか。有意水準5％で検定せよ。　　　📘p.106 練習 34

71 あるテレビ番組の視聴率は従来10％であった。無作為に400世帯を選んで調査したところ，48世帯が視聴していることがわかった。視聴率は従来よりも上がったと判断してよいか。有意水準5％で検定せよ。　　　📘p.107 練習 35

72 内容量255gと表示されている缶ジュースから，無作為に100個を抽出し，内容量を量ったところ，平均値が253g，標準偏差が9.6gであった。全製品の1個あたりの平均内容量は，表示通りでないと判断してよいか。有意水準5％で検定せよ。　　　📘p.108 練習 36

定期考査対策問題

1 1 と書かれたカードが 2 枚，2 と書かれたカードが 2 枚，4 と書かれたカードが 1 枚，計 5 枚のカードがある。この中から 2 枚のカードを無作為に取り出し，それらに書かれている数の和を X とするとき，確率変数 X の期待値と分散を求めよ。

2 原点 O から出発して数直線上を動く点 P がある。P は，硬貨を投げて表が出たら $+5$ だけ移動し，裏が出たら -1 だけ移動する。硬貨を 3 回投げ終わったときの表の出た回数を X，点 P の座標を Y とする。
(1) Y を X で表せ。　　　　　　　(2) Y の期待値と分散を求めよ。

3 100 円硬貨 3 枚と 10 円硬貨 2 枚を同時に投げるとき，表の出た硬貨の金額の和の期待値を求めよ。

4 袋 A には赤玉 2 個，白玉 3 個，袋 B には赤玉 3 個，白玉 2 個が入っている。それぞれの袋から 2 個の玉を同時に取り出すとき，取り出した計 4 個の中の赤玉の個数を Z とする。確率変数 Z の期待値と分散を求めよ。

5 2 枚の硬貨を投げて，ともに表が出たら 2 点，その他のときは 0 点であるゲームをする。このゲームを 10 回繰り返したときの総得点 X の期待値，分散を求めよ。

6 ある高等学校における男子の身長が平均 170.0 cm，標準偏差 5.5 cm の正規分布に従うものとする。
(1) 身長が 165 cm 以上の生徒は，約何 % いるか。
(2) 身長の高い方から 10 % の中に入るのは，何 cm 以上の生徒か。最も小さい整数値で答えよ。

7 ある町の人の血液型は約 2 割が B 型である。900 人の献血者のうちの 200 人以上が B 型である確率を求めよ。

8 ある地域で有権者 2500 人を無作為抽出して政党 A の支持者を調べたところ 625 人であった。この地域の政党 A の支持率 p を信頼度 95 % で推定せよ。

9 テニスの選手 A，B の年間の対戦成績は，A の 23 勝 13 敗であった。両選手の力に差があると判断してよいか。有意水準 5 % で検定せよ。

1 数学を活用した問題解決

73 北岳の山頂の標高は 3193 m である。北岳の山頂を見ることができる場所 P と北岳の山頂 T を結ぶ線分の長さを x km とする。地球の形は完全な球であるとし、その半径は 6378 km であるとするとき、次の問いに答えよ。ただし、北岳以外の場所の標高は 0 m とし、北岳をさえぎるものはないものとする。

(1) 地球の中心を O とし、x が最大となるように P の位置を定めるとき、∠OPT を求めよ。

(2) x の最大値を、小数第 1 位を四捨五入して整数で答えよ。

» 教 p.116 練習 1

74 [1] 地球の形は完全な球である。

[2] 北岳と北岳を見る場所以外の標高は 0 km とし、北岳をさえぎるものはない。

[3] 地球の半径は 6378 km、北岳の山頂の標高は 3.193 km である。

[4] 北岳の山頂からの距離は、北岳を見る場所と北岳の山頂を結ぶ線分の長さ x km であり、目の高さは見る場所の標高と同じである。

以上の 4 つの仮定がすべて成り立つとする。北岳の山頂 T を見ることができる場所 P′ の標高を 0.9 km とし、線分 TP′ の長さを x' km とするとき、x' の最大値を求めよ。ただし、小数第 1 位を四捨五入し、整数で答えよ。

» 教 p.117 練習 2

75 ある出版社が、1 冊あたりの製造費が 250 円である新雑誌を販売する。新雑誌 1 冊の価格を x 円とし、そのときの販売冊数を y 冊とするとき、新雑誌を 60000 冊販売したときの利益を、x, y を用いて表せ。

» 教 p.118 練習 3

演習

演習編

76 1冊あたりの製造費が 250 円の新雑誌を 60000 冊発行する場合を考える。教科書 118 ページの 500 人のアンケートにおいて，価格をそれぞれ 150 円上げても同じ結果になったとする。すなわち，450 円のとき 147 人，650 円のとき 151 人，850 円のとき 154 人，1050 円のとき 48 人が購入したいと回答したとする。このとき，119 ページの仮定 [1]，[2]，[3] がそのまま当てはまる（[2] の 300 円は 450 円に，50000 冊は 60000 冊に変更）ものとして，次の問いに答えよ。 ▶▶ 教 p.119 練習 4, 5

(1) 新雑誌の価格を 450 円，650 円，850 円，1050 円の中から選ぶとき，利益が最大となるような価格はどれであるか答えよ。

(2) 新雑誌の価格を x 円とするとき，得られる利益を x を用いて表せ。

(3) 新雑誌の価格を 450 円から 1050 円で 10 円単位で定めるとき，利益が最大となるような価格と，そのときの販売予想冊数を求めよ。

※問題 77〜79 は，教科書 120 ページの 3 種類の電球について考察せよ。

77 1 個の電球を 1 日 12 時間点灯で 40 日だけ使用する場合，3 種類の電球それぞれについて，かかる費用を求めよ。また，求めた結果をもとに，費用を最も安くおさえるにはどの電球を購入すればよいか答えよ。

▶▶ 教 p.120 練習 6

78 電球型蛍光灯，LED 電球のそれぞれについて，使用時間が 10000 時間以下の場合に，使用時間と費用の関係のグラフを，教科書 121 ページのグラフと同じようにかけ。 ▶▶ 教 p.121 練習 7

79 3 種類の電球について，いずれも 1 日に 12 時間点灯させるものとする。

(1) 電球を 500 日使用する場合，費用を最も安くおさえるにはどの電球を購入すればよいか答えよ。

(2) 電球の使用日数によって，費用を最も安くおさえるにはどの電球を購入するのがよいか考察せよ。 ▶▶ 教 p.121 練習 8

※問題 80〜82 は，教科書 123 ページのシェアサイクルに関する問題において，A，B からの貸出，返却の割合は右の表の通りとし，また，n 日目終了後の

	A に返却	B に返却
A から貸出	0.3	0.7
B から貸出	0.6	0.4

A，B にある自転車の，総数に対する割合を，それぞれ a_n，b_n として解答せよ。

80 1日目開始前の A，B にある自転車の台数の割合を，それぞれ a，b とする。ただし，a，b は $0 \leq a \leq 1$，$0 \leq b \leq 1$，$a + b = 1$ を満たす実数で，n は自然数である。

(1) a_1，b_1 を，a，b を用いてそれぞれ表せ。

(2) a_{n+1}，b_{n+1} を，a_n，b_n を用いてそれぞれ表せ。

(3) $a = 0.8$，$b = 0.2$ のとき，a_3，b_3 を求めよ。　　　　❯❯ 教 p.124 練習 9

81 a，b の値を変化させたとき，n が大きくなるにつれて，a_n，b_n の値がどのようになるかを，問題 80 で考えた関係式を用いて考察せよ。ここで，実数 p の絶対値が 1 より小さいとき，n が大きくなるにつれて p^n は 0 に近づくことを使ってよい。　　　　❯❯ 教 p.124 練習 10

演習　演習編

82 A，B で合計 52 台の自転車を貸し出すことを考える。1日目開始前の A，B にある自転車の台数をそれぞれ 24 台，28 台とする。

(1) 1日目終了後の A，B にある自転車の台数をそれぞれ求めよ。

(2) n 日目終了後の A，B にある自転車の台数を求め，それぞれのポートの最大収容台数を考察せよ。　　　　❯❯ 教 p.125 練習 11

83 教科書 123 ページのシェアサイクルに関する問題において，A，B で合計 56 台の自転車を貸し出すとき，A，B それぞれの最大収容台数を，教科書 123 ページの社会実験の結果をもとに，次の手順で考察せよ。ここで，1日目開始前の A，B にある自転車の台数の割合を，それぞれ a，b とする。ただし，a，b は $0 \leq a \leq 1$，$0 \leq b \leq 1$，$a + b = 1$ を満たす実数で，n は自然数である。

① A にある台数が最も多くなる場合と，B にある台数が最も多くなる場合の自転車の貸出，返却の表をそれぞれ作る。

② 問題 80 と同様に，a_n，b_n についての関係式を立てる。

③ ② の関係式を用いて a_n，b_n の値の変化を調べ，最大収容台数を求める。ここで，実数 p の絶対値が 1 より小さいとき，n が大きくなるにつれて p^n は 0 に近づくことを使ってよい。　　　　❯❯ 教 p.125 練習 12

84 ある都市には第
1から第4まで
の4つの選挙区

選挙区	第1	第2	第3	第4	合計
人口（人）	40000	25000	22000	13000	100000

があり，議席総数は 12 である。
また，それぞれの選挙区の人口は上の表の通りである。
各選挙区の議席数が，その選挙区の人口にできるだけ比例しているよう
にするためには，12 の議席を各選挙区にどのように割り振ればよいだろ
うか。最大剰余方式を用いて求めよ。　　　　　　　▶▶ 教 p.127 練習 13

85 問題 84 について，議席総数を 13 に増やした場合に4つの選挙区に議席
を最大剰余方式を用いて割り振れ。また，問題 84 の結果と比べて，気
づいたことを答えよ。　　　　　　　　　　　　　▶▶ 教 p.127 練習 14

86 問題 84 について，議席総数を 13 に増やした場合に，教科書 129 ページ
のアダムズ方式で4つの選挙区に議席を割り振れ。　▶▶ 教 p.129 練習 15

87 あるクラスで行われた数学と英語の試験の得
点のデータについて，右の表のような結果が
得られたとする。

	数学	英語
平均値	70	60
標準偏差	10	7

A さんの数学と英語の得点がそれぞれ 85 点，
74 点であったとき，それぞれの偏差値を考えて，どちらの教科が全体に
おける相対的な順位が高いと考えられるか答えよ。　▶▶ 教 p.131 練習 17

88 ある合唱コンクールでは，10 人の審査員 A～J による，1 点刻みの
0～10 点の点数をつける。次の表は3つの合唱団 X，Y，Z の採点結果
である。20 % トリム平均が最も高い合唱団が優勝する場合，どの合唱団
が優勝するか答えよ。

	A	B	C	D	E	F	G	H	I	J
X	4	6	6	6	5	6	7	6	7	7
Y	4	6	4	3	3	5	9	4	8	6
Z	6	8	7	5	6	5	10	5	6	9

▶▶ 教 p.133 練習 18

3 変化を捉える　～移動平均～

89 教科書 136 ページのデータについて，10 年移動平均を考え，1980 年，1990 年，2000 年，2010 年，2020 年の 10 年移動平均をそれぞれ求めよ。

> 教 p.136 練習 19

90 次の (ア)～(ウ) は移動平均について述べた文章である。これらの文章のうち，正しいものをすべて選べ。
  (ア) 時系列データの変動が激しくても，その時系列データの移動平均の変動は激しいとは限らない。
  (イ) 時系列データの変化の傾向を調べる際は，移動平均をとったグラフだけを見て判断してはいけない。
  (ウ) 移動平均をとる期間が短い方が，移動平均の変動は激しくなる。

> 教 p.139 練習 20

4 変化をとらえる　～回帰分析～

91 右の表は，同じ種類の 5 本の木の太さ x cm と高さ y m を測定した結果である。

木の番号	1	2	3	4	5
x	27	32	34	24	38
y	15	17	20	16	22

  (1) 2 つの変量 x，y の回帰直線
    $y=ax+b$ の a，b の値を，最小 2 乗法により求めよ。
    ただし，小数第 3 位を四捨五入して小数第 2 位まで求めよ。
  (2) 同じ種類のある木は太さが 30 cm であった。(1) で求めた a，b の値を用いて，この木の高さはどのくらいであると予測できるか答えよ。

> 教 p.141，143 練習 22，23

92 教科書 144 ページの表に関して，自動車の速度 x km/h と停止距離 y m には，関係式 $y=0.01x^2-0.173x+2.1095$ が成り立つものとする。自動車の速度が 65 km/h のときの停止距離を予測せよ。ただし，小数第 3 位を四捨五入して小数第 2 位まで求めよ。　　> 教 p.145 練習 24

93 変量 x，y の関係が指数関数 $y=2^x$ で近似されるデータについて，y 軸だけを対数目盛にした散布図では，x と y を直線的な関係としてみることができる理由を説明せよ。ただし，$\log_{10} 2=0.3010$ とする。

> 教 p.147 練習 25

演習

演習編

演習編の答と略解

原則として，問題の要求している答の数値・図などをあげ，[ ]には略解やヒントを付した。

第1章 数 列

1 (1) $2,\ 6,\ 10,\ 14,\ 18$

(2) $6,\ 12,\ 24,\ 48,\ 96$　(3) $2,\ 5,\ 10,\ 17,\ 26$

(4) $-2,\ 4,\ -8,\ 16,\ -32$

(5) $-9,\ 27,\ -81,\ 243,\ -729$

2 (1) $3n$　(2) $(n-1)^3$　(3) $\left(-\dfrac{1}{2}\right)^n$

(4) $(-1)^n \cdot 2(n-1)$　(5) $\dfrac{2n-1}{n^2}$

3 一般項，第 10 項の順に

(1) $2n+1,\ 21$　(2) $-3n+16,\ -14$　(3) $n,\ 10$

(4) $-\dfrac{1}{2}n+1,\ -4$

4 一般項，第 10 項の順に

(1) $4n-3,\ 37$　(2) $-3n+13,\ -17$

5 (1) 初項 -9，一般項 $3n-12$

(2) 公差 2，一般項 $2n+8$　(3) $l=16$

6 (1) 初項 40，公差 -6，一般項 $-6n+46$

(2) 第 7 項

7 (1) 初項 -8，公差 2

(2) 初項 -3，公差 -5

8 $a=2,\ -3$

9 (1) 120　(2) 650　(3) 155　(4) -130

10 (1) 1058　(2) 297

11 (1) 825　(2) 810　(3) 4195

12 (1) 第 18 項　(2) 第 17 項，和 442

13 一般項，第 5 項の順に

(1) $2^{n-1},\ 16$　(2) $6\left(\dfrac{1}{\sqrt{3}}\right)^{n-1},\ \dfrac{2}{3}$

(3) $8\left(-\dfrac{3}{2}\right)^{n-1},\ \dfrac{81}{2}$　(4) $\left(-\dfrac{1}{2}\right)^{n-1},\ \dfrac{1}{16}$

14 (1) $-3 \cdot 2^{n-1}$ または $-3(-2)^{n-1}$

(2) $7 \cdot 2^{n-1}$

15 $a=\pm 3$

16 (1) 127　(2) 122

17 (1) $5(2^n-1)$　(2) $-\dfrac{1}{6}\{1-(-5)^n\}$

(3) $\dfrac{(\sqrt{2}+1)^{n-1}-\sqrt{2}+1}{\sqrt{2}}$

18 (1) 3

(2) 初項 3，公比 2 または初項 12，公比 $\dfrac{1}{2}$

19 (1) 1496　(2) 2025

20 (1) $1+(-1)+(-3)+\cdots\cdots+(3-2n)$

(2) $8+15+24+35+48+63+80+99$

21 (1) 465　(2) 1240　(3) 126　(4) $\dfrac{61}{81}$

22 (1) $n(n-2)$　(2) $n(n^3+2n^2+n-1)$

(3) $\dfrac{1}{2}n(6n^2+3n-1)$

23 (1) $\dfrac{2}{3}n(n+1)(2n+1)$

(2) $\dfrac{1}{2}n(n+1)^2(n+2)$

24 順に

(1) $k(k+1),\ \dfrac{1}{3}n(n+1)(n+2)$

(2) $\dfrac{1}{2}(3^k-1),\ \dfrac{1}{4}(3^{n+1}-2n-3)$

25 順に　(1) $k,\ \dfrac{1}{2}(n^2-n+4)$

(2) $k^2,\ \dfrac{1}{6}(2n^3-3n^2+n+6)$

$\left(\dfrac{1}{6}(n+1)(2n^2-5n+6) \text{ でもよい}\right)$

(3) $-2k+3,\ -n^2+4n+2$

(4) $3^{k-1},\ \dfrac{1}{2}(3^{n-1}+1)$

26 (1) $a_n=2n-4$

(2) $a_1=3,\ n \geqq 2$ のとき $a_n=3n^2-3n+1$

(3) $a_n=2^{n+1}$

27 (1) $S=\dfrac{n}{3n+1}$　(2) $S=\dfrac{n(3n+5)}{4(n+1)(n+2)}$

28 $\sqrt{n+3}-\sqrt{3}$

29 (1) $S=\dfrac{(4n-1) \cdot 5^n+1}{16}$

(2) $S=\dfrac{3^{n+1}-2n-3}{4 \cdot 3^{n-1}}$

(3) $x=1$ のとき　$S=\dfrac{1}{2}n(3n-1)$,

$x\neq1$ のとき
$$S=\dfrac{1+2x-(3n+1)x^n+(3n-2)x^{n+1}}{(1-x)^2}$$

30 (1) 2^{n-1}　(2) 第9群の第245項
(3) $2^{n-2}(3\cdot2^{n-1}-1)$

31 (1) 781　(2) -11　(3) 266　(4) $\dfrac{32}{31}$

32 (1) $a_n=5n-4$　(2) $a_n=-2n+6$
(3) $a_n=2\cdot5^{n-1}$　(4) $a_n=5(-3)^{n-1}$

33 (1) $a_n=n^2-n+1$　(2) $a_n=n^3-n^2+2$
(3) $a_n=\dfrac{1}{6}(2n^3-3n^2+n+6)$
$\left(a_n=\dfrac{1}{6}(n+1)(2n^2-5n+6)\ \text{でもよい}\right)$
(4) $a_n=\dfrac{1}{3}(4^n-1)$

34 (1) $a_n=3^{n-1}+1$　(2) $a_n=-2\left(\dfrac{1}{3}\right)^{n-1}+3$
(3) $a_n=(-2)^n+3$　(4) $a_n=2\cdot4^{n-1}-1$
(5) $a_n=\dfrac{1-(-2)^n}{3}$　(6) $a_n=\left(\dfrac{3}{2}\right)^{n-1}-1$

35 $a_n=n^2-n+2$

36 $p_n=\dfrac{1}{2}\left\{1+\left(\dfrac{1}{3}\right)^n\right\}$

37 (1) $a_n=\dfrac{6-(-4)^{n-1}}{5}$
(2) $a_n=(-2)^{n-1}-(-3)^{n-1}$
(3) $a_n=(n+2)\cdot3^{n-2}$

38 (1) $a_2=10$, $b_2=30$, $a_3=50$, $b_3=150$
(2) $a_n+b_n=8\cdot5^{n-1}$, $3a_n-b_n=0$
(3) $a_n=2\cdot5^{n-1}$, $b_n=6\cdot5^{n-1}$

39 [$n=k$ のとき成り立つと仮定して，
$n=k+1$ のとき成り立つことを示す
(1) $\dfrac{1}{9}(10^k-1)+10^k=\dfrac{1}{9}(10^k-1+9\cdot10^k)$
(2) $\dfrac{1}{6}k(k+1)(4k+5)+(k+1)\{2(k+1)+1\}$
$=\dfrac{1}{6}(k+1)(k+2)(4k+9)$]

40 [$4k^3-k=3m$(m は整数)とすると，
$4(k+1)^3-(k+1)=3(m+4k^2+4k+1)$]

41 $\Big[$(1) $\dfrac{(k+2)^3}{3}$
$-\{1^2+2^2+\cdots+k^2+(k+1)^2\}$
$>\dfrac{(k+2)^3}{3}-\dfrac{(k+1)^3}{3}-(k+1)^2$

$=k+\dfrac{4}{3}>0$　(2) $2^{k+1}-\{3(k+1)+1\}$
$>2(3k+1)-(3k+4)=3k-2>0$
(3) $(1+h)^{k+1}-\{1+(k+1)h^2\}$
$>(1+kh^2)(1+h)-\{1+(k+1)h^2\}$
$=h\left\{k\left(h-\dfrac{1}{2k}\right)^2+1-\dfrac{1}{4k}\right\}>0\Big]$

42 (1) $a_2=4$, $a_3=5$, $a_4=6$　(2) $a_n=n+2$
[(2) $a_k=k+2$ と仮定する。
$a_k{}^2=(k+1)a_{k+1}+1$ から，
$(k+2)^2=(k+1)a_{k+1}+1$
よって　$(k+1)(k+3)=(k+1)a_{k+1}$]

43 [(1) $5^{k+1}+6^{2k-1}=31m$(m は整数)とする
と $5^{(k+1)+1}+6^{2(k+1)-1}=31(5m+6^{2k-1})$
(2) $2^{3k}-7k-1=49m$(m は整数)とすると
$2^{3(k+1)}-7(k+1)-1=49(8m+k)$]

第2章　統計的な推測

44 (1)

X	0	1	2	3	計
P	$\dfrac{1}{8}$	$\dfrac{3}{8}$	$\dfrac{3}{8}$	$\dfrac{1}{8}$	1

(2)

X	0	1	2	3	4	計
P	$\dfrac{625}{1296}$	$\dfrac{500}{1296}$	$\dfrac{150}{1296}$	$\dfrac{20}{1296}$	$\dfrac{1}{1296}$	1

45 (1) 5　(2) 順に $\dfrac{20}{3}$, $\dfrac{2\sqrt{15}}{3}$

46 (1) $\dfrac{6}{5}$　(2) $\dfrac{6}{5}$

47 期待値 $\dfrac{3}{2}$, 分散 $\dfrac{9}{20}$

48 期待値，分散，標準偏差の順に
(1) $\dfrac{14}{5}$, $\dfrac{9}{25}$, $\dfrac{3}{5}$　(2) $\dfrac{13}{5}$, $\dfrac{36}{25}$, $\dfrac{6}{5}$
(3) $\dfrac{7}{5}$, $\dfrac{36}{25}$, $\dfrac{6}{5}$

49

X＼Y	0	1	2	計
0	$\dfrac{1}{16}$	$\dfrac{2}{16}$	$\dfrac{1}{16}$	$\dfrac{1}{4}$
1	$\dfrac{2}{16}$	$\dfrac{4}{16}$	$\dfrac{2}{16}$	$\dfrac{2}{4}$
2	$\dfrac{1}{16}$	$\dfrac{2}{16}$	$\dfrac{1}{16}$	$\dfrac{1}{4}$
計	$\dfrac{1}{4}$	$\dfrac{2}{4}$	$\dfrac{1}{4}$	1

50 (1) 500　(2) 550　(3) 565

51 (1) 独立　(2) 従属　(3) 独立

52 $\dfrac{7}{4}$

53 64

54 期待値, 分散の順に

(1) 1, 8　(2) 1, 47　(3) 4, 17

55 順に　(1) 3, $\dfrac{3}{2}$, $\dfrac{\sqrt{6}}{2}$

(2) $\dfrac{5}{4}$, $\dfrac{15}{16}$, $\dfrac{\sqrt{15}}{4}$　(3) 8, $\dfrac{8}{3}$, $\dfrac{2\sqrt{6}}{3}$

56 (1) 期待値 4, 標準偏差 $\sqrt{2}$

(2) 期待値 3, 分散 $\dfrac{147}{50}$, 標準偏差 $\dfrac{7\sqrt{6}}{10}$

57 順に　(1) 0.5, 0.5　(2) 0.1, 0.6

58 期待値 $\dfrac{2\sqrt{3}}{3}$, 分散 $\dfrac{1}{6}$, 標準偏差 $\dfrac{\sqrt{6}}{6}$

59 (1) 0.4772　(2) 0.4382　(3) 0.15735

(4) 0.0082　(5) 0.8185　(6) 0.8849

60 (1) 0.5　(2) 0.4772　(3) 0.02145

(4) 0.1359　(5) 0.8882　(6) 0.1056

61 (1) 約 83 %　(2) 177 cm 以上

62 (1) 0.7698　(2) 0.5762

63 (1)

X	1	2	3	4	計
P	$\dfrac{1}{10}$	$\dfrac{4}{10}$	$\dfrac{3}{10}$	$\dfrac{2}{10}$	1

(2) 母平均 $\dfrac{13}{5}$, 母標準偏差 $\dfrac{\sqrt{21}}{5}$

(3) 期待値 $\dfrac{13}{5}$, 標準偏差 $\dfrac{\sqrt{21}}{10}$

64 (1) 期待値 $\dfrac{1}{5}$, 標準偏差 $\dfrac{2}{5\sqrt{n}}$

(2) 64 以上

65 0.1587

66 (1) 0.6826　(2) 0.9544　(3) 0.9973

67 [55.8, 60.8]　ただし, 単位は点

68 [54.3, 58.3]

69 [0.026, 0.054]

70 3 の目の出る確率が $\dfrac{1}{6}$ ではないと判断して よい

71 視聴率は従来よりも上がったとは判断できない

72 1 個あたりの平均内容量は表示通りでない

と判断してよい

第 3 章　数学と社会生活

73 (1) 90°　(2) 202

74 309

75 $xy - 15000000$ (円)

76 (1) 650 円

(2) $-75x^2 + 93750x - 15000000$ (円)

(3) 価格 620 円, 販売冊数 47250 冊；

または　価格 630 円, 販売冊数 46500 冊

77 LED 電球 1590.72 円,

電球型蛍光灯 842.56 円, 白熱電球 977.6 円

電球型蛍光灯を購入すればよい

78

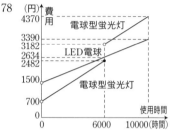

79 (1) 電球型蛍光灯

(2) 31 日間だけ使用するなら白熱電球, 32 日以上 500 日まで使用するなら電球型蛍光灯, 501 日以上使用するなら LED 電球を購入するのがよい

80 (1) $a_1 = 0.3a + 0.6b$, $b_1 = 0.7a + 0.4b$

(2) $a_{n+1} = 0.3a_n + 0.6b_n$, $b_{n+1} = 0.7a_n + 0.4b_n$

(3) $a_3 = 0.4524$, $b_3 = 0.5476$

81 a, b の値によらず, n が大きくなるにつれて, a_n は $\dfrac{6}{13}$, b_n は $\dfrac{7}{13}$ に近づく

82 (1) A 24 台, B 28 台

(2) A 24 台, B 28 台

A, B の最大収容台数もそれぞれ 24 台, 28 台 あればよい

83

	A に返却	B に返却
A から貸出	0.9	0.1
B から貸出	0.6	0.4

の場合, A の最大収容台数は　48 台

	A に返却	B に返却
A から貸出	0.5	0.5
B から貸出	0.2	0.8

の場合，B の最大収容台数は　40 台

84　順に　5，3，3，1

85　議席数は順に　5，3，3，2

問題 84 と比べると，議席総数が変わると，切り捨てる値の大きさが変わり，残りの議席を割り振る選挙区が変わることがわかる

86　議席数は順に　5，3，3，2
[各選挙区の人口を $d=9000$ で割る]

87　英語

88　Z

89　1980 年，1990 年，2000 年，2010 年，2020 年の順に
26.60，27.41，27.26，27.52，27.93
　　　　　　　　　　　　　　　　（単位は °C）

90　(ア)，(イ)

91　(1) $a=0.48$，$b=3.25$　(2) 17.65 m

92　33.11 m

93　y 軸だけを対数目盛にした散布図では，直線 $y=0.301x$ の近くに点が並ぶから，x と y を直線的な関係としてみることができる

定期考査対策問題（第 1 章）

1　(1) -277　(2) 第 42 項

2　3，5，7

3　(1) $\dfrac{1}{2}n(163-3n)$　(2) 第 55 項

(3) 第 27 項

4　(1) 1050　(2) 816　(3) 180　(4) 1686

(5) 4234

5　順に $S_n=\dfrac{7}{2}(3^n-1)$，$n=4$

6　5，-10，20

7　$2^{n+1}-n-2$

8　第 k 項　$-4k^2+4(n+1)k-(2n+1)$，
$S=\dfrac{1}{3}n(2n^2+1)$

9　(1) $a_n=n^2-2n+5$

(2) $a_1=2$，$n\geqq 2$ のとき $a_n=2n-1$

10　$\dfrac{n}{2(3n+2)}$

11　$(2n-3)\cdot 2^n+3$

12　(1) $\dfrac{1}{2}(3n^2-3n+2)$　(2) $\dfrac{1}{2}n(3n^2-1)$

(3) 第 10 群の 5 番目の数

13　(1) $a_n=4n-2$　(2) $a_n=5\cdot 3^{n-1}$

(3) $a_n=n^2-4n+4$　(4) $a_n=3(4^{n-1}+1)$

14　(1) $a_n=6\cdot 3^n-4\cdot 2^n$　(2) $a_n=\dfrac{1}{2\cdot 3^{n-1}-1}$

15　(1) $a_1=1$　(2) $a_{n+1}=\dfrac{3}{2}a_n$

(3) $a_n=\left(\dfrac{3}{2}\right)^{n-1}$

16　$\mathrm{AP}_n=\left(-\dfrac{1}{8}\right)^{n-1}+1$

17　$\left[\dfrac{2}{3}k(k+1)(2k+1)+(2k+2)^2\right.$
$\left.=\dfrac{2}{3}(k+1)\{(k+1)+1\}\{2(k+1)+1\}\right]$

18　$[4^{k+1}+5^{2k-1}=21m\,(m\text{ は整数})$ とすると
$4^{(k+1)+1}+5^{2(k+1)-1}=21(4m+5^{2k-1})]$

定期考査対策問題（第 2 章）

1　期待値 4，分散 $\dfrac{9}{5}$

2　(1) $Y=6X-3$　(2) 期待値 6，分散 27

3　160

4　期待値 2，分散 $\dfrac{18}{25}$

5　期待値 5，分散 $\dfrac{15}{2}$

6　(1) 約 82 %　(2) 178 cm 以上

7　0.0475

8　[0.233，0.267]

9　両選手の力に差があるとは判断できない

●表紙デザイン

株式会社リーブルテック

初版
第1刷　2023 年 3 月 1 日　発行
第2刷　2024 年 3 月 1 日　発行

ISBN978-4-87740-148-1

教科書ガイド

数研出版 版

数学 B

制　作　株式会社チャート研究所

発行所　数研図書株式会社

〒604-0861　京都市中京区烏丸通竹屋町上る
　　　　　　　大倉町205番地

［電話］　075(254)3001

乱丁本・落丁本はお取り替えいたします。
本書の一部または全部を許可なく複写・複製する
こと，および本書の解説書，問題集ならびにこれ
に類するものを無断で作成することを禁じます。

240102